Berichte des Deutschen Ausschusses für Stahlbau

Ausgabe B

(Fortsetzung der vom Deutschen Stahlbau-Verband, Berlin, herausgegebenen Berichte
des früheren Ausschusses für Versuche im Stahlbau)

Heft 9

Aus Untersuchungen mit Leichtfahrbahndecken zu Straßenbrücken

Von

Otto Graf
o. Professor an der Techn. Hochschule Stuttgart

Mit 56 Textabbildungen

Berlin
Verlag von Julius Springer
1938

ISBN 978-3-7091-9743-1   ISBN 978-3-7091-9990-9 (eBook)
DOI 10.1007/978-3-7091-9990-9

Inhaltsverzeichnis.

Einleitung [1].

Im Jahre 1934 wurden auf Anregung von Karl Schaechterle und im Auftrag der Direktion der Reichsautobahnen, später im Auftrag des Deutschen Ausschusses für Stahlbau Untersuchungen mit Bauelementen zu Leichtfahrbahntragwerken für stählerne Straßenbrücken aufgenommen. Mit Vorschlägen aus den Kreisen der Industrie entstanden wertvolle Ergänzungen. In einer Arbeitsgemeinschaft aller Beteiligten, vor allem mit Schaechterle und seinem Mitarbeiter Regierungsbaumeister Leonhardt ist eine umfangreiche Arbeit abgewickelt worden. Die Versuche sind vor kurzem in dem zunächst vorgesehenen Umfang zum Abschluß gekommen [2]. Im folgenden wird aus den Ergebnissen der Versuche berichtet, weil damit für ein besonders wichtiges Fachgebiet des Bauingenieurs erkennbar ist, daß für den Bau stählerner Brücken seit längerer Zeit Untersuchungen ausgeführt werden, die eine Vereinfachung des Fahrbahntragwerks der Straßenbrücken, eine bedeutende Verringerung des Gewichts der Brücken und eine weitgehende Ausnützung des Stahls bezwecken [3]. Die Anwendung der Versuchsergebnisse ist in vollem Gang.

Die Untersuchungen erstreckten sich in der Hauptsache

1. auf sog. Stahlzellendecken, das sind Fahrbahntragwerke mit verhältnismäßig eng liegenden Längsträgern und darauf abgestimmten Querträgern, mit einer ebenen Deckplatte zur Aufnahme eines möglichst leichten Fahrbahnbelags aus bituminösen Massen: alle Verbindungen sind geschweißt. Weiterhin wurde

2. die Widerstandsfähigkeit von allseitig aufgeschweißten Buckelblechen untersucht, zuerst mit 1 m Seitenlänge auf neunfeldrigen Trägerrosten, dann in Feldern von $2{,}65 \times 5$ m.

3. Schließlich sind Untersuchungen mit Tragwerken ausgeführt worden, die aus winkelig gebogenen Blechen gebaut sind, ausgehend von Konstruktionen, die zu Dächern von Flugzeughallen Anwendung finden.

Bei allen Versuchen war

4. von großer Bedeutung, festzustellen, welcher Belag zuverlässig in lang dauernder Verbindung mit dem Tragwerk bleibt.

Zur Aufgabe 4 habe ich bereits eine zusammenfassende Darstellung gegeben [4]. Es ist beabsichtigt, hierzu in einer besonderen Darlegung ausführlich zu berichten.

A. Versuche mit Stahlzellendecken.

1. Die einleitenden Versuche erstreckten sich unter anderem auf Tragwerke nach Abb. 1 bis 3; die Querträger waren zwischen die Längsträger als Teilstücke eingeschweißt. Dann folgten Versuche mit den in Abb. 4 bis 8 dargestellten Stahlzellendecken 4, 5 und 6, die sich von den vorher geprüften Decken im wesentlichen durch die Art und die Zahl der Querträger unterschieden. Es hatte sich nämlich bei den ersten Versuchen gezeigt, daß

---

[1] Auszugsweise behandelt in einem Vortrag am 15. Oktober 1937 in der Wissenschaftlichen Tagung des Deutschen Stahlbau-Verbandes, Berlin.

[2] Die Durchführung der Versuche erfolgte in der Materialprüfungsanstalt an der Technischen Hochschule Stuttgart (Institut für die Materialprüfungen des Bauwesens). Die Versuchsarbeiten an den Stahlzellendecken und an den Tragwerken unter C und D besorgte Herr Ingenieur Hermann Schmid. An den grundlegenden Arbeiten beteiligte sich Herr Oberingenieur Brenner, an den anderen Versuchsarbeiten Herr Ingenieur Hilzinger und Herr Ingenieur Hirt. Vgl. außerdem S. 5, Fußnote 1, sowie S. 7, Fußnote 2.

[3] Vgl. Schaper: Bautechn. 1935 S. 47f. — Schaechterle u. Leonhardt: Bautechn. 1936 S. 245f., sowie S. 626f. — Klöppel, Generalreferat VII zum Internationalen Kongreß für Brückenbau und Hochbau, Berlin 1936. — Graf: Stahlbau 1937 S. 110f.

[4] Graf: Stahlbau 1937 S. 123.

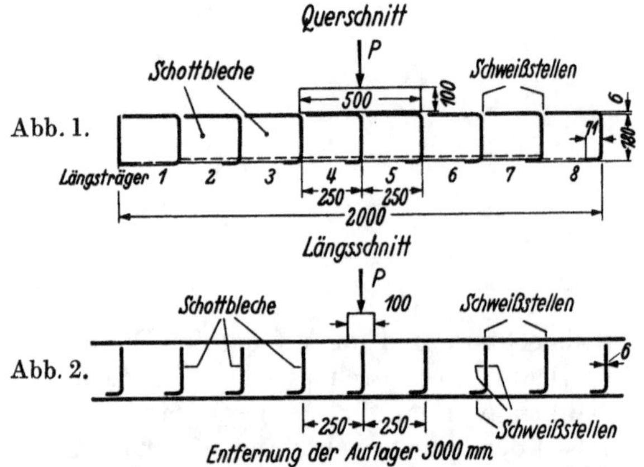

Abb. 1 und 2. Stahlzellendecke 1.

Abb. 3. Untere Fläche der Stahlzellendecke 1 nach dem Versuch.
Die Querverbindungen sind an jeweils einer Schweißnaht gerissen.

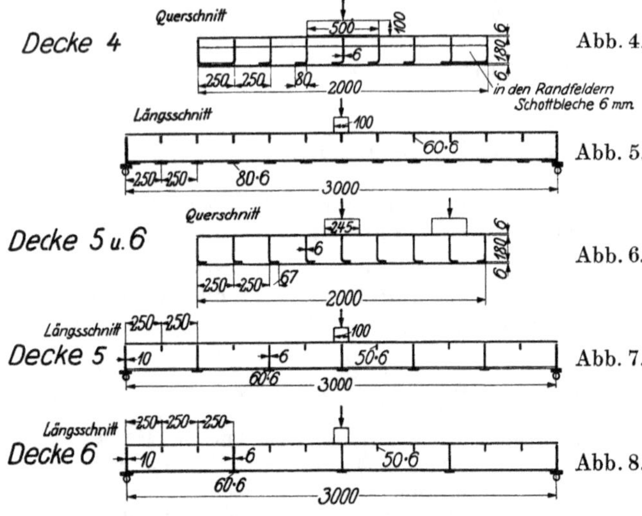

Abb. 4 bis 8. Querschnitte und Längsschnitte der Stahlzellendecken 4, 5 und 6.

das Einschweißen der Querträger als Schott-
bleche umständlich und kostspielig ist, daß
die Querverbindung mit Kehlnähten unvollkommen ist, und daß deshalb die Querverbindung durchlaufend gewählt werden muß.
Dementsprechend erhielten die Decken nach
Abb. 4 bis 8 durchlaufende Querzugbänder.
Nach Abb. 4 bis 8 war der Abstand der Querverbindungen bei der Decke 4 250 mm, bei
der Decke 5 500 mm und bei der Decke 6
750 mm. Um das Deckblech gegen Eindrücken
zu schützen, sind bei allen drei Decken jeweils in 250 mm Abstand Versteifungen aus
Flachstahl 60 × 6 mm bzw. 50 × 6 mm eingeschweißt worden. Über-
dies erhielten die Decken 5
und 6 Querträger in 500 mm
bzw. 750 mm Abstand, je
über die volle Deckenhöhe
reichend. Abb. 9 zeigt die
Decke 4 mit den Querzug-
bändern.

Die Decken 1 und 4 wur-
den in der Mitte auf einer
Fläche von 100 × 500 mm,
die Decken 5 und 6 auch
auf einer Fläche von 100 ×
245 mm belastet, vgl. Abb. 4
und 6. Die Belastung er-
folgte in Stufen. Für alle
Stufen wurden die gesam-
ten, für einzelne Stufen
auch die bleibenden und
federnden Einsenkungen
der Längsträger ermittelt, ferner die
Dehnungen an der Zugseite der Längsträger, auch die Dehnungen der Querbänder. Die Dehnungen wurden mit
einem Setzdehnungsmesser nach Abb. 10
gemessen [1].

Zusammenstellung 1 gibt über die
Einsenkungen der Decken 1, 4, 5 und 6
Auskunft. Hiernach sind die Einsenkungen des mittleren Längsträgers 5
in der Decke 5 kleiner als bei den
anderen Decken ausgefallen, bei der
Decke 4 am größten. Hierbei ist zu
beachten, daß die Decken, welche aus
L-förmig gebogenen Blechen, Blech-
tafeln und Flachstählen bestehen,
selbstverständlich erhebliche Richt-

---

[1] Die Setzstellen des Instruments liegen in
kleinen konischen Bohrungen. Die Berührung
erfolgt 0,6 bis 0,9 mm unter der Oberfläche; die Meßstrecke liegt also ein wenig innerhalb des Werkstoffs.
Auf diesen Umstand ist bei der Auswertung der Ergebnisse zu achten.

und Schweißspannungen enthalten; diese haben sich hier bei den an der oberen Fläche der Decke gemessenen Einsenkungen störend bemerkbar gemacht[1]. Deshalb ist es geboten, zur Beurteilung des Einflusses der Bauart der Decken in erster Linie die in Zusammenstellung 2 wiedergegebenen Dehnungen der Zugzone der Träger heranzuziehen. Hier zeigt sich, daß die Dehnungen der mittleren Längsträger 4, 5 und 6 bei den 4 Decken nur wenig verschieden ausfielen; die Dehnungen der Randträger 1 und 2 bzw. 8 und 9 sind ebenfalls wenig verschieden. Daraus ergibt sich, daß die Querverbindungen der Decken 5 und 6 etwas wirksamer waren als diejenigen der Decken 1 und 4; der Mehraufwand an Querverbänden in der Decke 5 gegenüber der Decke 6 hat keine deutliche Verbesserung gebracht. Damit war eine Vereinfachung gegenüber anfänglichen Vorschlägen durchführbar.

Als besonders wichtig sind sodann die Höchstlasten der Decken hervorzuheben, das sind die Lasten, welche am Schluß des Versuchs getragen wurden; die Höchstlast betrug

$$\text{bei der Decke . . .} \quad 1 \quad 4 \quad 5 \quad 6$$
$$P_{max} \text{ . . . .} \quad 61{,}4 \quad 69{,}3 \quad 72{,}6 \quad 64{,}6 \text{ t.}$$

Die Decke 5 lieferte die größte Last, die Decke 4 eine etwas kleinere; die Decke 1 blieb deutlich zurück, weil die Querversteifung unvollkommen angeschlossen war, vgl. Abb. 3.

Alle Decken ertrugen große Formänderungen; allerdings blieb die Verformung bei der Decke 1 viel kleiner als bei den übrigen Decken, welche durchgehende Querzugbänder besaßen. Abb. 9 zeigt dazu den Zustand der Decke 4 am Schluß des Versuchs; Abb. 11 und 12 machen aufmerksam,

Abb. 9.
Stahlzellendecke 4 nach dem Versuch.

Abb. 10. Setzdehnungsmesser des Instituts für die Materialprüfungen des Bauwesens an der Technischen Hochschule Stuttgart.

daß in der Decke 6 ein Längsträger und ein Querzugband gebrochen sind und daß es wohl angezeigt ist, die Verbindung der Querbänder an den Längsträgern zu vereinfachen.

Diesen Feststellungen wurden die Grundlagen für Bauausführungen entnommen; wie bekannt, hat dazu Karl Schaechterle zunächst den Bau einer Feldwegbrücke, dann den Bau einer Straßenbrücke erwirkt.

2. Mit den Erkenntnissen aus den Versuchen mit den Decken 1 bis 6[2], die mit Mitteln der Direktion der Reichsautobahnen ausgeführt sind, wurde ein weiterer Arbeitsplan

---

[1] Man kann annehmen, daß das Deckblech Beulen besaß, die beim Biegen der Decke besondere Verformungen erfahren konnten.

[2] Die Decken 1 bis 6 sind im Werk Gustavsburg der MAN hergestellt worden. Die später geprüften Decken wurden in der Maschinenfabrik Eßlingen ausgeführt.

entwickelt und von Karl Schaechterle im Februar 1936 dem Deutschen Ausschuß für Stahlbau vorgelegt. Von diesem Arbeitsplan sind die in Abb. 13 bis 17 dargestellten Decken A_1, A_2, A_3 und B_4 ausgeführt und eingehend geprüft worden. Alle Decken haben eine Spannweite von 3 m, vgl. Abb. 17. Die Decken A_1 bis A_3 unterscheiden sich lediglich durch ihre Breite (1 m, 2 m und 3 m); ihre Längsträger sind überall gleich. Die Decke B_4 hat an den Rändern stärkere Träger, vgl. Abb. 16; das Trägheitsmoment der Randträger beträgt hier etwa das vierfache der anderen Träger. Die Querbänder sind mit den Flanschen der Längsträger nicht verschweißt, vgl. Abb. 18. Die Belastung geschah mit Einzellasten auf einer Fläche von 10×10 cm oder 22×22 cm. Zunächst wurde die Last in der Mitte aufgebracht (Laststelle 1); dabei ist verfolgt worden, wie sich

Abb. 11. Träger, Querzugbänder, Stege und Hilfsstege der Stahlzellendecke 6. Querzugband bei R gerissen.

die Einsenkungen der Träger und ihre Anstrengungen (gemessen mit Dehnungen in der Zugzone) nach den Rändern hin verteilen. Dann folgte die Belastung in Viertelpunkten (Laststellen 2 und 4), schließlich neben oder auf einem Randträger (Laststelle 3), so wie dies in den Abb. 13 bis 17 gezeichnet ist. In allen Fällen sollte demgemäß die lastverteilende Wirkung der Querverbindungen bei verschiedener Anordnung der Last festgestellt werden. In den Zusammenstellungen 3 und 4 sind die gemessenen Einsenkungen für die zwei wichtigsten Belastungsfälle, nämlich Belastung in der Mitte und Belastung am Rand, unter b) zusammengetragen. Die Einsenkungen sind für die einzelnen Träger derart angegeben, daß die zugehörigen Auflagerbewegungen berücksichtigt sind. Es handelt sich für jeden einzelnen Träger um die in der Mitte des Trägers gegen-

Abb. 12. Längsträger der Stahlzellendecke 6 bei R gerissen.

über den Auflagern gemessenen senkrechten Bewegungen. Die Zahlenreihen zeigen an, wie die Träger an der Lastaufnahme teilnehmen, wenn man die Einsenkungen als Maß der Lastaufnahme ansieht.

    3. Selbstverständlich ist nun ein Weg zu suchen, der mit den gemessenen Einsenkungen oder mit den noch zu besprechenden Ergebnissen der Dehnungsmessungen die Möglichkeit

gibt, die Lastverteilung in den Decken rechnerisch anzugeben. Zunächst ist verfolgt worden, ob die von Ostenfeld berechneten Decken mit verschieden starken Querverbänden mit geknüpften Stabmodellen in einfacher Weise beurteilt werden können, vgl. Abb. 19[1]. Es zeigte sich, daß die Einsenkungen beim Versuch mit Stabmodellen mit den von Ostenfeld[2] angegebenen in gutem Einklang stehen. Deshalb wurden auch für die Decken A_1 bis A_3 Stabmodelle geprüft, um zu erfahren, ob sich das Verhältnis der Einsenkungen der Längsträger beim Stabmodell ähnlich einstellt wie bei den großen Decken nach Abb. 13 bis 15; mit anderen Worten, um zu sehen, ob sich die wirkliche Lastverteilung in Bauteilen mit den vereinfachten Modellversuchen hinreichend beurteilen läßt.

Zusammenstellung 5 enthält die Ergebnisse dieser Modellversuche im Vergleich mit den Ergebnissen der Prüfung der Decken A_1 bis A_3. Hierin bedeutet der Index „o", daß das Modell ohne Beachtung des Deckblechs gebaut ist, also ein Steifigkeitsverhältnis der Stahlzellendecke ohne Deckblech besitzt; der Index „m" gilt für den Fall, daß das Deckblech und alle Nebenstege (ausgenommen die Träger über den Widerlagern) voll beachtet sind. Hieraus ergibt sich, daß das Modell die bei den Decken gemessene Lastverteilung ausreichend angibt, wenn für die Modelle in beiden Richtungen das volle Trägheitsmoment aus den Stegen und dem Deckblech in die Vergleichsrechnung eingeführt wird und wenn als Maß der Lastverteilung das Verhältnis der Einsenkungen gewählt wird.

4. Über die Dehnungen auf der Zugseite der Längsträger der Decken A_1 usw. geben die Zusammenstellungen 3 und 4 unter a) Auskunft.

Wenn man das Verhältnis der Dehnungen ε, welche bei mittiger Belastung unter dem mittleren Träger aufgetreten sind, zu den Dehnungen ε feststellt, die an den Randträgern auftraten, zeigt

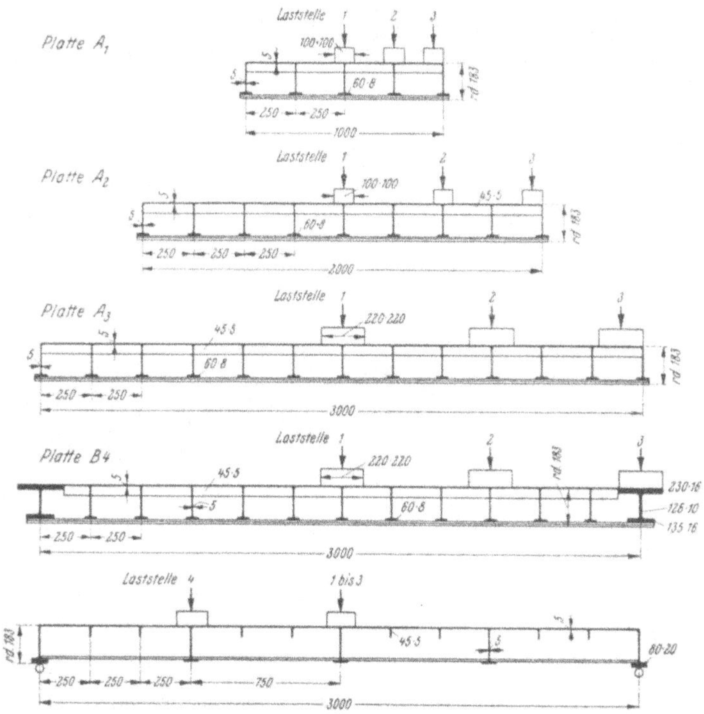

Abb. 13 bis 17. Querschnitte (Abb. 13 bis 16) und Längsschnitt (Abb. 17) der Stahlzellendecken A_1, A_2, A_3 und B_4.

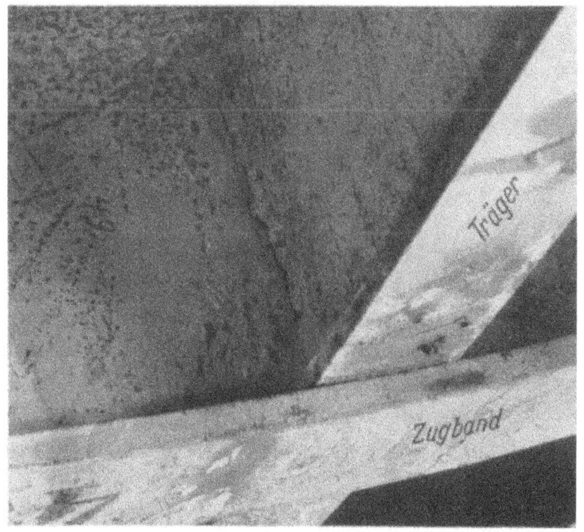

Abb. 18. Kreuzungsstelle von Träger und Zugband an der Stahlzellendecke A_3.

---

[1] Die Durchführung dieser Versuche besorgte Herr Ingenieur Kaufmann, zuerst mit Herrn Dipl.-Ing. Beck, dann mit Herrn cand. ing. Zabel. Ein ausführlicher Bericht von Herrn Kaufmann ist in Vorbereitung.
[2] Ostenfeld: Lastverteilende Querverbände. Kopenhagen 1930.

sich, daß der Unterschied größer ist als bei den Einsenkungen y, vgl. auch Zusammenstellung 3. Der Berichter nimmt an, daß zur Beurteilung der Anstrengungen der Träger die gemessenen Dehnungen zur Zeit nicht entbehrlich sind. Die Biegungslinie verläuft in den Versuchskörpern A_1 usw. anders als bei der Prüfung einzelner Träger, weil durch die Querverbände Unstetigkeiten der Biegelinie auftreten. Wenn man die Anstrengung der Träger nach den Dehnungen beurteilt, so ist zunächst festzustellen, daß bei Belastung in der Mitte durch $P = 6$ t bei der 1 m breiten Platte A_1 am Randträger rd. $^4/_5$ der Anstrengung entsteht, die im mittleren Träger aufgetreten ist. Bei der 2 m breiten Platte A_2 beträgt dieses Verhältnis etwa $^2/_5$; bei der 3 m breiten Platte A_3 etwa $^1/_4$. Unter $P = 12$ t ist das Verhältnis der Anstrengung der Randträger zur Anstrengung der mittleren Träger kleiner geworden, d. h. die Anteilnahme der Randträger ist zunächst zurückgetreten.

Abb. 19. Einrichtung zu Versuchen mit Stabmodellen aus gezogenem Rundstahl. Auf den Kreuzungsstellen sitzen Meßstäbe, deren senkrechte Bewegungen mit einem Nivellierinstrument verfolgt werden. Die Last ist an einer Kreuzungsstelle angehängt.

Einen weiteren Einblick gibt der Vergleich der Anstrengungen, welche rechnerisch auftreten, wenn man annimmt, daß alle Träger gleichmäßig an der Lastübertragung teilnehmen mit den beim Versuch am mittleren Träger gemessenen Anstrengungen. Es fand sich

für die Platte	A_1	A_2	A_3	B_4	
unter $P = 3$ t					
nach der Rechnung	450	250	—	—	kg/cm²
nach dem Versuch	525	360	—	—	kg/cm²;
unter $P = 6$ t					
nach der Rechnung	900	500	330	240	kg/cm²
nach dem Versuch	1050	715	630	545	kg/cm²;
unter $P = 12$ t					
nach der Rechnung	—	—	665	475	kg/cm²
nach dem Versuch	—	—	1300	1180	kg/cm².

Für die Decken A_1 bis A_3 ist durch eine einfache Näherungsrechnung zu erkennen, daß bei Anordnung der angegebenen Belastung in der Mitte die gemessenen Anstrengungen auch rechnerisch entstehen, wenn bei A_1 angenommen wird, daß statt 5 nur 4 Längsträger voll wirksam sind, bei A_2 statt 9 nur 6 und bei A_3 statt 13 nur 7.

Wenn die Last am Rand der Decke wirkt, so findet sich eine verhältnismäßig kleinere Mitwirkung der Nachbarträger. Dies zeigt sich unter anderem an den Dehnungen, die am Randträger 1 der Decken A_1 bis A_3 beispielsweise unter $P = 3$ t gemessen wurden und die bei Zunahme der Deckenbreite von 1 auf 2 und 3 m langsam von 0,57 auf 0,52 und 0,41 mm/m zurückgingen. Deshalb sind die Randträger zu verstärken, wenn die maßgebende Last an beliebiger Stelle der Decke auftreten kann. Das ist bei der Decke B_4 geschehen. Die Wirkung ist unter anderem in Zusammenstellung 6 zu verfolgen.

5. Zur Beurteilung der Anstrengung der Querzugbänder sind an der unteren Fläche jeweils auf den Strecken zwischen den Längsträgern die Dehnungen gemessen worden. Bei Anordnung der Last in der Mitte wurde die Anstrengung in der Mitte der Querzugbänder der Decken A_3 und B_4 ungefähr ebenso groß wie an der unteren Fläche der

Längsträger, wie die Angaben der Zusammenstellung 7 im Vergleich mit den Zahlen der Zusammenstellung 3 erkennen lassen.

6. Unter den bisher genannten Belastungen, die in der Regel unter der zulässigen liegen, ist entsprechend dem, was die Elastizitätslehre erwarten läßt, eine sehr ungleiche Teilnahme der Träger an der Lastübertragung festzustellen. Demgegenüber fanden wir unter der Höchstlast, daß alle Träger zur vollen Wirkung gekommen sind. Hierzu sei auf Zusammenstellung 8 verwiesen. Dort sind in der 3. bis 5. Zeile die Streckgrenzen des Werkstoffs angegeben, welche beim Versuch ermittelt worden sind. Ferner sind in der 3. Zeile von unten die Höchstlasten eingetragen, welche sich rechnerisch ergeben, wenn man annimmt, daß unter der Höchstlast die Streckgrenze in dem Zugflansch der Träger maßgebend ist. Aus den Zahlenreihen geht nun hervor, daß sich die rechnerischen Höchstlasten der Decken A_1 bis A_3 und B_4 wie $1:1,8:2,1:3,2$ verhalten sollen. Die Versuche ergaben dieselben Verhältniszahlen (vgl. Zeilen 6 und 7), d. h. die Tragkraft der Versuchskörper A_1 bis A_3 und B_4 ist voll zur Geltung gekommen. Diese Folgerung tritt noch schärfer hervor, wenn man die rechnerische Höchstlast zu der wirklichen Höchstlast in Beziehung stellt; dann zeigt sich, daß bei allen Platten die wirklichen Höchstlasten das 1,57- oder 1,63fache der rechnerischen Höchstlast[1] wurden. Damit ergibt sich, daß nicht nur in allen Decken, also auch in den breitesten, unter der Höchstlast die Tragkraft aller Träger zur Geltung kam, sondern darüber hinaus, daß die Tragkraft der Decken bedeutend größer wurde, als die einfache Rechnung voraussetzt.

Um den letzteren Umstand noch näher zu erläutern, haben wir aus früheren Versuchen festgestellt, daß die Höchstlast einfacher Walzträger stets erheblich größer wurde als die Last, welche rechnerisch vorhanden ist, wenn die Streckgrenze im Zugflansch erreicht wird und wenn der Träger am seitlichen Ausweichen gehindert ist. Für den vorliegenden Fall wurde weiterhin an einem Versuchskörper, der aus der Platte B_4 stammt, festgestellt, daß die Höchstlast das 2,1fache der rechnerischen Höchstlast erreicht, wenn die Stützweite 1 m beträgt und nur zwei Balken zusammenwirken.

Die Ergebnisse, welche Zusammenstellung 8 enthält, sind selbstverständlich wichtig für die Wahl der zulässigen Anstrengungen in Decken der zugehörigen Art, wie überhaupt von Tragwerken, die gute Querversteifungen besitzen.

B. Versuche an der Straßenbrücke bei Kirchheim unter der Teck[2].

Die Bauart und die Abmessungen der Brücke sind aus den Abb. 20 und 21 zu ersehen. Es handelt sich hiernach um eine Brücke mit besonders kleiner Bauhöhe; die 457 mm hohen Träger stehen in 503 mm Abstand; die Querverbände bestehen aus Schottblechen und Zugbändern. Das Deckblech der Brücke ist 10 mm dick; alle Verbindungen sind geschweißt.

Ich nehme an, daß über den Bau der Brücke und über die dabei gesammelten Erfahrungen von anderer Seite berichtet wird. Der vorliegende Bericht beschränkt sich auf Ergebnisse bei Belastungsversuchen, die angeordnet wurden, um zu erfahren, ob die beim Entwurf errechnete Anstrengung ausreichend mit der Wirklichkeit in Einklang steht, ferner ob die Anstrengungen, welche unter dem fahrenden Fahrzeug auftreten, größer sind als unter dem stehenden Fahrzeug.

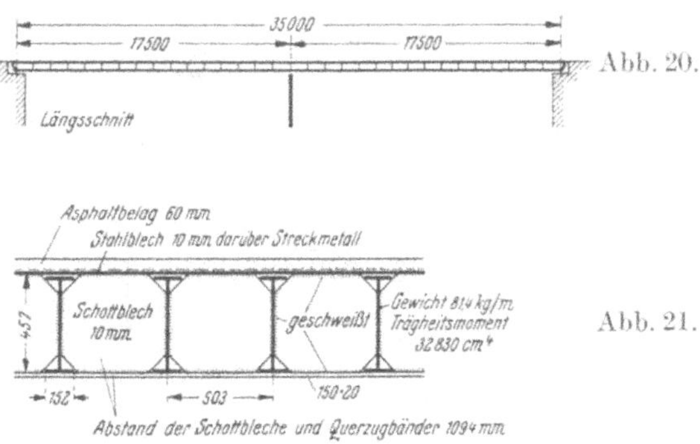

Abb. 20 und 21. Reichsautobahnbrücke bei Kirchheim unter der Teck.
Gewicht für 1 m² (Asphaltbelag + Streckmetall + Blech | Träger + Querverband) rd. 430 kg.

Die ersten Versuche sind im Herbst 1936 ausgeführt worden, als die Brücke noch ohne Belag und als die anschließenden Fahrbahnen noch nicht fertig waren. Die Belastung

---

[1] Berechnet mit dem Widerstandsmoment W und der Streckgrenze σ_s des Werkstoffs in den Trägerflanschen.
[2] Diese Versuche hat Herr Dr.-Ing. Weil mit Herrn Dr.-Ing. Löffler ausgeführt.

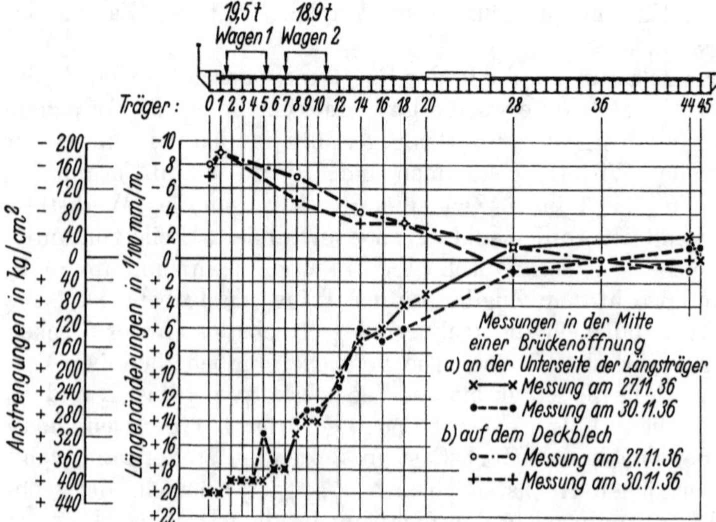

Abb. 22. Ergebnisse von Messungen an der Reichsautobahnbrücke bei Kirchheim unter der Teck, festgestellt unter ruhenden Lasten nach Abb. 23.

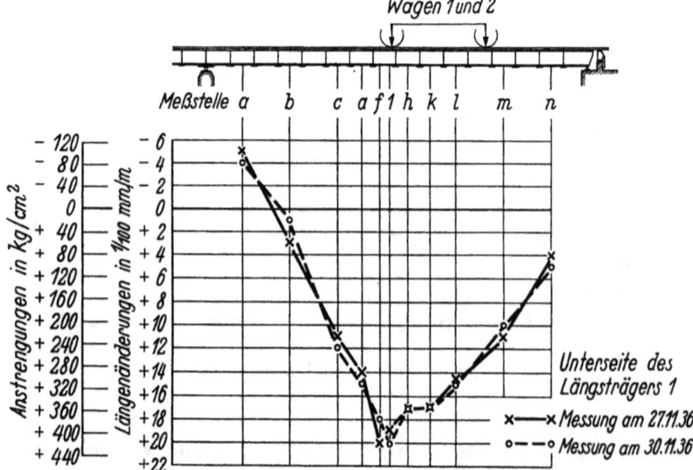

Art der Lasten	Wagen 1	Wagen 2
	Rad- und Achsdrücke	
	kg	kg
linkes Vorderrad .	2 900	3 050
rechtes Vorderrad .	3 250	3 000
Vorderachse . . .	6 150	6 050
linkes Hinterrad .	6 150	5 900
rechtes Hinterrad .	7 150	6 920
Hinterachse	13 300	12 820
Gesamtgewicht . .	19 450	18 870

Abb. 23. Anordnung der Lasten bei den Versuchen an der Reichsautobahnbrücke bei Kirchheim unter der Teck.

Abb. 24. Ergebnisse von Messungen an der Reichsautobahnbrücke bei Kirchheim unter der Teck, festgestellt unter ruhenden Lasten nach Abb. 23.

erfolgte mit Fahrzeugen, die ruhend oder mit bestimmter Geschwindigkeit fahrend auf die Brücke wirkten.

Abb. 22 bis 27 enthalten Beispiele aus den Messungen. Zunächst zeigt Abb. 22 die Anstrengungen der Brücke bei der Laststellung nach Abb. 23. Die schweren Lasten standen an einem äußeren Rand der Brücke in dem Gebiet, das besonders hohe Anstrengung bringt. Man sieht in den unteren Linienzügen der Abb. 22 die Längenänderungen und daraus die Anstrengungen der Zugzone bis zu rd. 420 kg/cm². Die oberen Linienzüge gelten für die obere Fläche des Deckblechs; hier gehen die Anstrengungen bis rd. 190 kg/cm². Die gemessenen Anstrengungen decken sich

ausreichend mit der Rechnung, wenn man annimmt, daß die Lasten durch rd. 15 Längsträger aufgenommen werden; mit diesem einfachen Vergleich tritt die Wirkung der Brücke als Zellendecke ohne weiteres hervor.

Den Verlauf der Anstrengungen eines Trägers in dem belasteten Feld gibt Abb. 24 wieder; die Linienzüge verlaufen, wie dies die Rechnung erwarten läßt, und so regelmäßig als sie unter den vorliegenden Verhältnissen auftreten können.

Abb. 25 bis 27 enthalten Oszillogramme von Dehnungen in

der Zugzone der Längsträger 1 und 20 beim Überfahren der Brücke mit einem Lastkraft-
wagen (Wagen 1, Gewicht 19450 kg, Verteilung nach Abb. 23) oder mit einem eisen-
bereiften Wagen (Wagen 3, Gewicht 1850 kg) bzw. mit beiden Wagen, wobei der Wagen 3
von Wagen 1 geschleppt wurde.

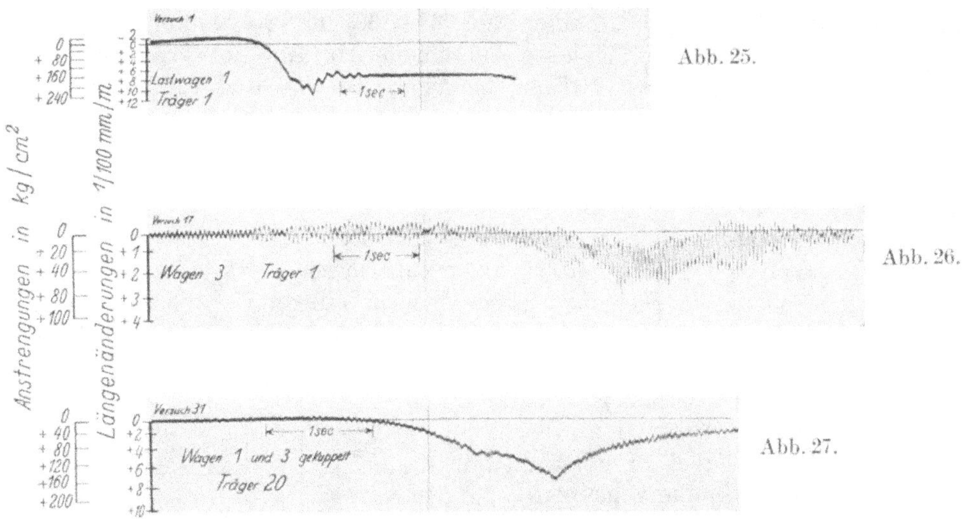

Abb. 25 bis 27. Ergebnisse von Messungen an der Reichsautobahnbrücke bei Kirchheim unter der Teck, festgestellt
unter fahrenden Wagen.

Durch den Vergleich von Oszillogrammen mit den Ergebnissen der Messungen unter
dem stehenden Wagen fand sich, daß die größten Spannungen, welche den Ausgleichlinien

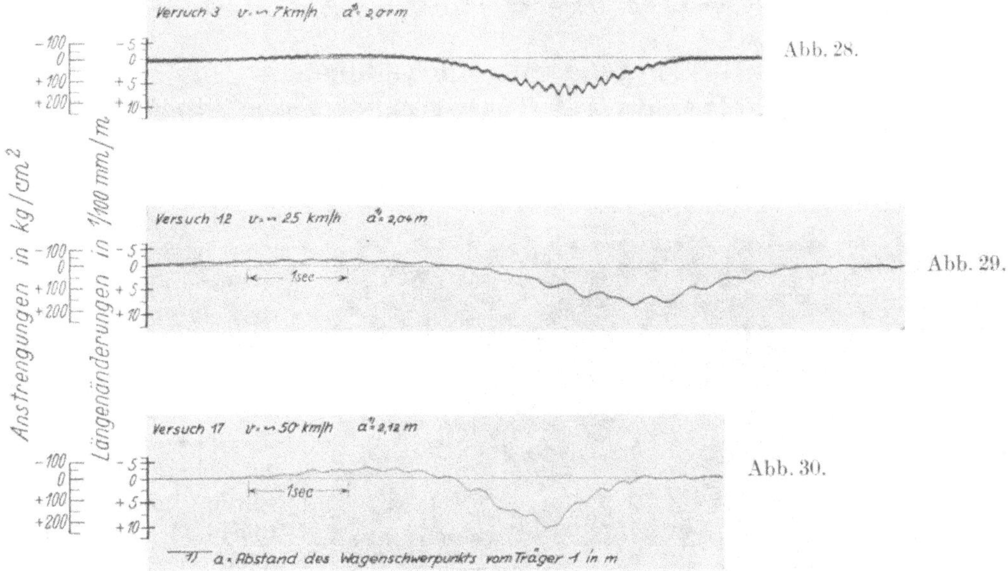

Abb. 28 bis 30. Ergebnisse von Messungen an der Reichsautobahnbrücke bei Kirchheim unter der Teck, festgestellt
unter fahrenden Wagen.

der Oszillogramme zu entnehmen waren, bei langsamer Fahrt nur wenig verschieden waren
von Anstrengungen unter ruhender Last. Darüber lagerten sich in der Regel kleine Schwin-
gungen, welche von der Art des Fahrzeugs und seiner Geschwindigkeit bei der Fahrt
abhängen. Die beobachteten Zusatzanstrengungen waren nur bemerkenswert beim Wagen 3,
wobei absichtlich außerordentliche Verhältnisse vorlagen. Trotzdem ist nichts Bedenkliches

aufgetreten, weil die zusätzlichen Anstrengungen durch den laufenden Dieselmotor auf dem Wagen 3 nur erschienen, wenn das Fahrzeug allein war und weil dabei an sich kleine Anstrengungen auftraten.

Die Brücke ist nach ihrer Fertigstellung im Juli 1937 erneut geprüft worden. Aus der zweiten Prüfung sind die Abb. 28 bis 30 entnommen. Abb. 28 gilt für eine Lastwagenfahrt mit $v = 7$ km/h, Abb. 29 mit $v = 25$ km/h und Abb. 30 mit $v = 50$ km/h. Die größten Anstrengungen, welche dabei am Träger 1 bei einem Abstand des Wagenschwerpunkts vom Träger 1 von 2,05 m gemessen wurden, betrugen 168, 174 und 226 kg/cm², also hier bei rascher Fahrt mehr als bei langsamer Fahrt. Das Gewicht des Lastwagens betrug rd. 15 t.

C. Versuche mit Buckelblechen.

Bei den folgenden Untersuchungen handelte es sich unter anderem um die Feststellung der Lasten, welche von den Blechen mittig oder außermittig ertragen werden, ohne daß damit unzulässig erscheinende bleibende Einsenkungen auftreten, wobei die Größe der bleibenden Verformung selbstverständlich von der Beschaffenheit der Buckel abhängig sein muß. Die Tragfähigkeit selbst ist soweit verfolgt worden, als es jeweils ohne besondere Umstände möglich war. In erster Linie war zu beobachten, wie die schwarzen Fahrbahnbeläge dauerhaft mit den Buckelblechen in Verbindung bleiben[1].

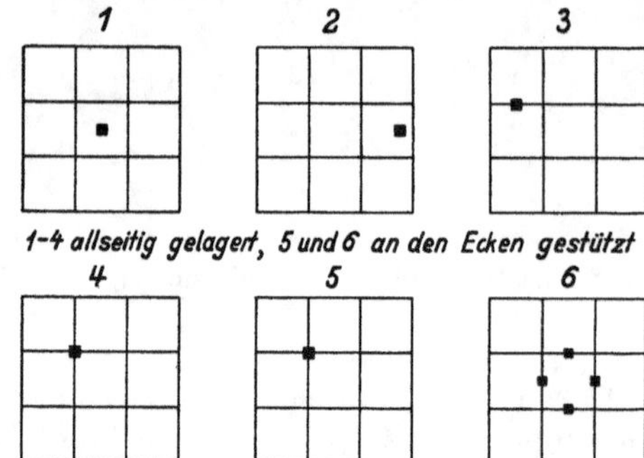

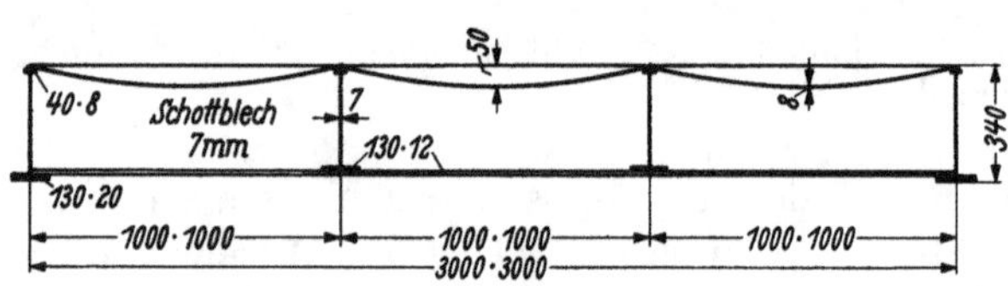

Abb. 31.
Querschnitt des Versuchskörpers D I.

Abb. 32. Bei der Prüfung des Versuchskörpers D I angewandte Belastungsstellen.

1. Versuche mit Buckelblechen
mit 1 m Feldweite auf Trägerrosten nach Abb. 31.

Abb. 31 zeigt den Versuchskörper D I, ein neunfeldriges Buckelblech auf I-Trägern, die bis 34 cm hoch waren. Die Tragwerke waren durchweg geschweißt. Die Prüfung geschah gemäß Abb. 32; dabei ist nicht bloß das Buckelblech, sondern auch der Trägerrost in bezug auf seine Verformung und seine Anstrengung geprüft worden. Abb. 33 zeigt den Prüfstand.

Am Versuchskörper D I, der ohne Belag geprüft wurde, fand sich für ein Blechfeld 1×1 m, daß Einzellasten von 7,5 t, auf einer Fläche von 22×22 cm mittig oder außermittig wirkend, nur sehr kleine, unter 0,1 mm liegende bleibende Einsenkungen des Blechs hervorriefen.

Abb. 33. Versuchskörper D I in der Prüfmaschine.

<hr>

[1] Vgl. dazu den Vorbericht in Stahlbau 1937 S. 123.

Mittige Lasten von 10 t lieferten als bleibende Einsenkung 0,16 mm, solche von 20 t ergaben 1,85 mm, solche von 27,5 t 4,07 mm, sodann solche von 35 t 9,6 mm. Unter der Last $P = 20$ t ist auf der oberen Blechfläche in den Diagonalen wenig Zunder lose geworden; unter $P = 25$ t sind an der unteren Blechfläche Streckfiguren beobachtet worden.

Der **Versuchskörper D II** besaß einen bituminösen Belag, der über den Randträgern rd. 5,5 cm dick war. Durch den Belag entstand eine Lastverteilung, die nach später zu beschreibenden Versuchen von der Lastdauer erheblich abhängt. Lehrreich ist ferner, daß die Schwingungsweite der Einsenkungen unter der Laststufe $P_u = 250$ kg bis $P_0 = 4250$ kg beim Abkühlen auf tiefe Temperatur von rd. 1 mm bis auf rd. 0,4 mm zurückging.

Die Verarbeitung der Ergebnisse der Versuche mit den Körpern nach Abb. 31 hat Herr Dr.-Ing. Blick in Aussicht gestellt.

2. Versuche mit Buckelblechen
mit den Spannweiten 5000 × 2650 mm auf Trägern nach Abb. 34 bis 36.

Der Versuchskörper I besaß örtliche Sondervorkehrungen für das Anbinden des Belags; hierauf soll hier nicht eingegangen werden. Allgemein wichtig ist das Ergebnis der Messungen über die Größe der gesamten und bleibenden Einsenkungen, sowie über die dabei auftretenden Anstrengungen. Die Stellen, an denen gemessen wurde, sind in Abb. 35 eingetragen (an Punkten Einsenkungen, an Strecken Dehnungen).

Die bleibenden Einsenkungen in der Mitte des Buckelblechs betrugen nach erstmaliger Belastung bei A mit $P = 12$ t 1,1 mm.

Die gesamten Dehnungen betrugen dabei

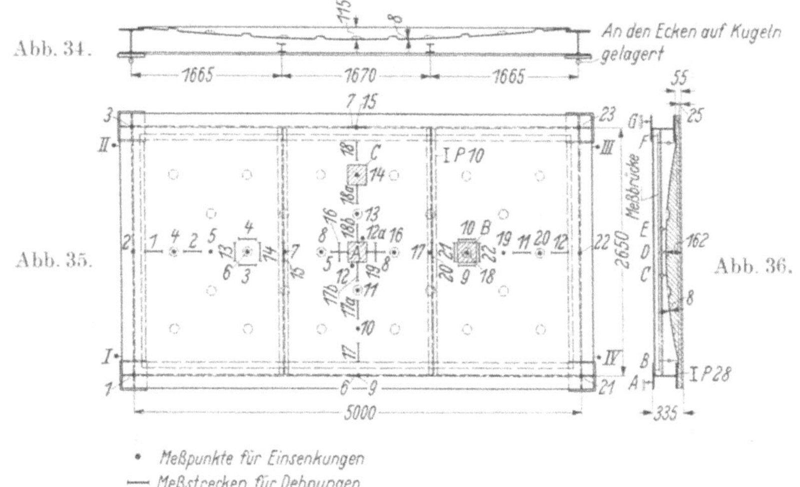

Abb. 34 bis 36. Buckelblech I.

auf den Strecken 5 und 8

unter $P =\ $ 6 t   0,195 mm/m (entsprechend rd. 410 kg/cm²),
unter $P = 12$ t   0,40   mm/m (entsprechend rd. 840 kg/cm²)

und die bleibenden Dehnungen

unter $P = 12$ t   — 0,02 mm/m.

Die Anstrengungen blieben also an der bezeichneten wichtigen Stelle unter $P = 12$ t in zulässigen Grenzen. Wenn die Belastung $P = 12$ t bei B wirkte, zeigten die Meßstrecken 9 und 10 Verlängerungen von 1,51 und 1,36 mm/m, die Meßstrecken 21 und 22 solche von 1,13 und 1,28 mm/m, also das 3- bis 4fache der Dehnungen, die bei mittiger Last auftraten. Mit dem Vergleich dieser Zahlen, gültig bei Belastung in B, mit den vorhin für die Belastung in A angegebenen, sei in Erinnerung gebracht, daß die Anstrengungen der Buckelbleche in erster Linie bei außermittiger Belastung zu verfolgen sind. Es ist u. a. für die ungünstigste Laststellung die Last zu ermitteln, welche die noch zulässigen bleibenden Verformungen liefert.

Hierbei dürfte wichtig sein, daß durch oftmaligen Wechsel der Laststellung, wie er praktisch vorkommt, die bleibenden Verformungen in engen Grenzen gehalten werden müssen, weil sich sonst die Form des Buckelblechs immer wieder bleibend ändert und weil durch solche bleibende Änderungen naturgemäß der Zusammenhang zwischen dem Fahrbahnbelag und dem Buckelblech gestört wird[1].

---

[1] Dabei ist zu untersuchen, ob die bleibenden Dehnungen durch Vorbelastungen eingeschränkt werden können.

Am Buckelblech I ist weiterhin der Einfluß der Belastungsdauer auf die Dehnungen an der unteren Seite des Blechs verfolgt worden. Zusammenstellung 9 enthält die Ergebnisse. Hieraus geht u. a. hervor, daß die Dehnung auf der Strecke 17b unter $P = 6000$ kg unmittelbar nach dem Aufbringen dieser Last 0,21 mm/m betrug, daß sie nach 6 min auf 0,30 mm/m gestiegen war und daß sie nach 10 min zu 0,32 mm/m gemessen wurde. Bei der Entlastung waren die Formänderungen ebenfalls erheblich von der Zeit abhängig. Die Verlängerung der Strecke 17b betrug unmittelbar nach der Entlastung 0,18 mm/m, nach 2 min noch 0,10 mm/m und nach 10 min 0,03 mm/m. Man sieht aus solchen Zahlen, daß der bituminöse Belag die Formänderungen des Blechs erheblich verzögert; die Einsenkung wird also im Vergleich viel kleiner, wenn die Belastung rasch über das Blech hinwegrollt als wenn eine lang dauernde Last wirkt.

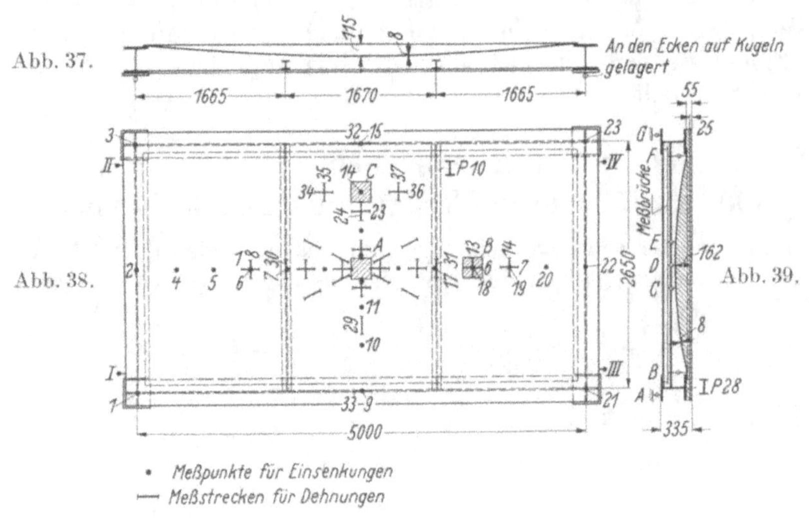

Abb. 37 bis 39. Buckelblech II. Vgl. auch Abb. 40.

Die größte Belastung, welche das Buckelblech I getragen hat, betrug 60 t. Sie war an 4 Stellen aufgebracht, die nach der Länge in 145 cm Abstand lagen, nach der Breite des Buckelblechs in 50 cm Abstand. Die Lasten wirkten auf Platten von 20×20 cm. Unter $P = 60$ t waren keinerlei Strecklinien am Buckelblech zu erkennen. Die Anstrengung des Blechs hatte also unter $P = 60$ t die Fließgrenze noch nicht erreicht. Die bei diesem Versuch gemessenen Formänderungen finden sich in Zusammenstellung 10.

Hiernach ist die größte Dehnung auf den Strecken 5 und 8 unter $P = 60$ t zu 1,26 und 1,27 mm/m gemessen worden.

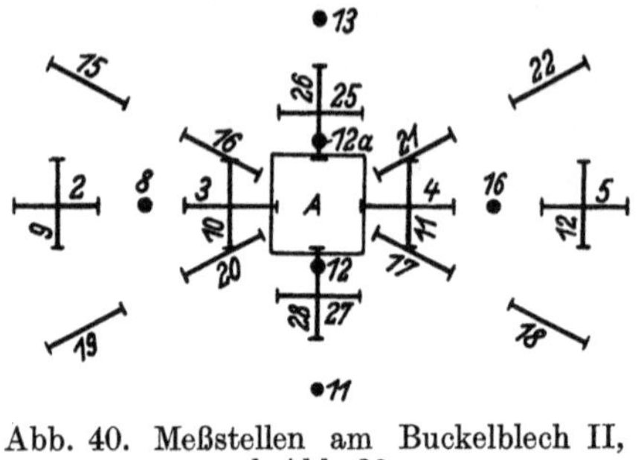

Der **Versuchskörper II** besaß ein Buckelblech üblicher Beschaffenheit. Die Stellen, an denen die Einsenkungen und die Dehnungen gemessen wurden, sind in Abb. 38 und 40 angegeben.

Die wichtigsten Ergebnisse sind in den Zusammenstellungen 11 und 12 eingetragen. Hiernach betrug unter anderem die bleibende Einsenkung in der Mitte bei der Last $P = 18$ t mit der Laststellung A 5,0 mm. Die bleibenden Verformungen hatten zur Folge, daß bei erneuter Belastung mit $P = 12$ t nur federnde Formänderungen auftraten. An dem der Belastungsart angepaßten Blech sind unter der Last $P = 12$ t Anstrengungen von höchstens 1030 kg/cm² gemessen worden.

Abb. 40. Meßstellen am Buckelblech II, vgl. Abb. 38.

Beachtenswert ist sodann gemäß Zusammenstellung 12, daß die Querverbindung der Längsträger nach Abb. 37 und 38, die aus 2 I 10 bestand, eine zwar deutliche, aber nicht bedeutende Verringerung der Anstrengung des Buckelblechs brachte. Auch dieses Ergebnis ist praktisch wertvoll.

Das Buckelblech II ist schließlich an den in Abb. 41 gestrichelt bezeichneten 7 Stellen belastet worden. Unter $P = 60$ t sind die ersten Strecklinien bei a erkennbar gewesen. Auch am oberen Flansch der Längsträger sind an der Anschlußseite des Blechs Strecklinien beobachtet worden. Die Streckfiguren waren an der unteren Fläche unter $P = 80$ t soweit fortgeschritten als dies Abb. 41 zeigt.

3. Tragfähigkeit der Buckelbleche nach Rechnung und Versuch.

Zur Beurteilung der Ergebnisse der Versuche mit Buckelblechen sind vorläufig die im Handbuch der Ingenieurwissenschaften, 2. Band, 3. Abteilung, 3. Auflage, bearbeitet von Landsberg, S. 213f. nach Winkler angegebenen Gleichungen benutzt. Die Ergebnisse der Rechnung und der Versuche lagen sowohl für das Buckelblech D I als auch für die Bleche nach Abb. 34f. nicht weit auseinander, wenn man dabei mit groben Zügen vergleicht. Doch sind für die jetzigen Bedürfnisse weitere Versuche nötig.

4. Anstrengung der Träger der Buckelbleche.

Bei der Anwendung der Buckelbleche ist wichtig, zu wissen, welche Lastverteilung für die Träger der Buckelbleche gilt. Bei den vorliegenden Versuchen ist zunächst die Anstrengung der Längsträger in der Zugzone unter dem Steg verfolgt worden. Die Ergebnisse der Messungen finden sich in Zusammenstellung 13. Hiernach ist bei Laststellung A unter $P = 12$ t für die Längsträger zum Buckelblech I eine Anstrengung von 305 kg/cm², für die Längsträger zum Buckelblech II eine Anstrengung von 210 kg/cm² ermittelt worden. Die Unterschiede dürften u. a. auf den Umstand zurückzuführen sein, daß die Feststellung am Blech I von der erstmaligen Belastung stammt, während die Zahl vom Blech II zu einem späteren Zustand gehört. Bei der Laststellung nach Abb. 41 ist die Anstrengung der Längsträger zum

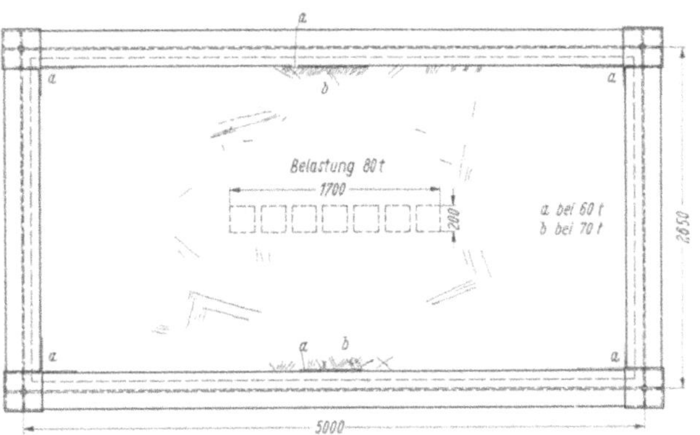

Abb.41. Strecklinien an der unteren Fläche des Buckelblechs II.

Buckelblech II unter $P = 60$ t zu 840 kg/cm² gemessen worden. Wenn man demgegenüber zum einfachen Vergleich annimmt, daß die Belastungen von den 2 Längsträgern je hälftig gleichmäßig verteilt getragen werden, so ergibt sich unter $P = 12$ t eine Anstrengung von rd. 255 kg/cm², für $P = 60$ t eine solche von 1275 kg/cm². Es erscheint zweckmäßig, weitere Klarstellung in dieser Richtung zu suchen, damit die nötigen Grundlagen für die Bemessung der Träger, welche die Buckelbleche aufnehmen, entstehen.

D. Versuche mit Tragwerken aus Doppelwinkeln oder aus Faltblechen.

Die untersuchten Tragwerke umfassen zwei verschiedene Bauarten. Die eine ist aus Abb. 42 bis 48 (Decken K I und K II), die andere aus Abb. 49 bis 55 (Decken E I und E II) zu ersehen.

Alle Decken sind wie die Stahlzellendecken unter B geprüft worden.

1. Decke K I, Abb. 42 bis 44.

Die 6 mm dicken Doppelwinkel reichen über die ganze Länge der Decke; sie waren mit den Nachbarwinkeln verschraubt (auf 1 m je 7 Schrauben $^1/_2''$). Zur Querversteifung waren an den Enden und an zwei Stellen des mittleren Teils Bleche angebracht. Nahe der Mitte waren mit 740 mm Abstand oben und unten Querbänder aus Flachstahl 60×7 mm. Alle Verbindungen waren geschweißt. Abb. 45 zeigt die Decke beim Versuch.

Zunächst ist durch Messen der Einsenkungen und der Dehnungen an den in Abb. 43 angegebenen Stellen verfolgt worden, wie die Einzellasten verteilt werden.

Wenn die Einzellast zum zweitenmal bei *A*, Abb. 43, wirkte, betrug die Einsenkung

	unter		0 t (bleibende
	$P = 10\,t$	15 t	Einsenkung)
bei 2 am rechten Rand	1,9	2,4	0 mm
bei 6	5,5	8,7	0,6 mm
bei 12 und 13 (in der Mitte)	7,8	12,8	1,4 mm
bei 19	5,4	8,6	0,7 mm
bei 23 (am linken Rand)	1,8	2,4	0 mm

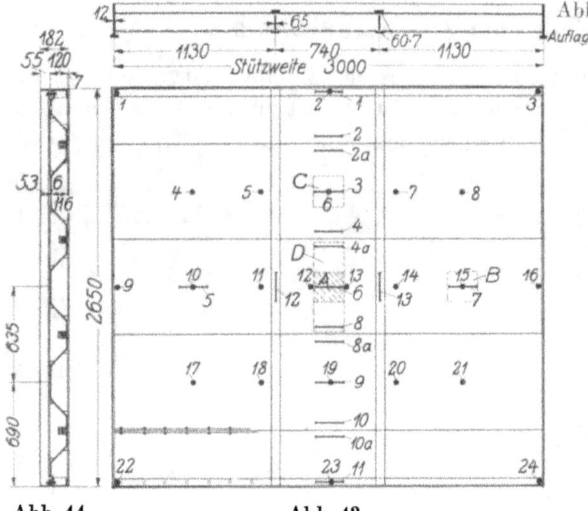

Abb. 44.　　　　Abb. 43.

Abb. 42 bis 44. Versuchskörper K I.

Beim Vergleich mit den Versuchen unter *A* ergibt sich, daß die Lastverteilung, wie zu erwarten stand, weniger günstig war als bei den Stahlzellendecken.

Bei Steigerung der Einzellast bei *A* ist der unmittelbar belastete Doppelwinkel eingebeult worden; die Höchstlast betrug 18,2 t.

Wenn man für diese Höchstlast die rechnerische Anstrengung an der unteren Fläche der Doppelwinkel rechnet unter der Annahme, daß sich die Decke über die ganze Breite gleich einsenke, so findet sich σ_e zu rd. 1700 kg/cm². Damit ist erkennbar, daß das Tragwerk zur Aufnahme von Einzellasten nicht ohne weiteres geeignet ist. Deshalb war von vornherein in Aussicht genommen, ein gleiches Tragwerk mit Betonfüllung zu prüfen.

Abb. 45. Versuchskörper K I nach dem Versuch.

2. Decke K II nach Abb. 46 bis 48.

Um das Zusammenwirken der Doppelwinkeldecke mit dem Beton zu unterstützen, sind an den Stoßstellen der Doppelwinkel Flachstähle eingesetzt und seitlich schräg abgebogen worden.

Der Beton besaß am Prüfungstag der Decke eine Druckfestigkeit von 566 kg/cm² (Würfel mit 20 cm Kantenlänge) und eine Biegefestigkeit von 44 kg/cm² (Balken $10 \times 15 \times 60$ cm, Belastung in der Mitte). Die Streckgrenze des Stahls betrug

für die Bleche der Doppelwinkel 2690 bis 3080 kg/cm²,
für den unteren Flansch der Randträger 2885 kg/cm².

Durch die Betonfüllung wurde die Lastverteilung wesentlich unterstützt, wie aus Zusammenstellung 14 hervorgeht. Die Anstrengung der Querzugbänder war ungefähr ebenso groß wie die Anstrengung der Faltbleche (Dehnungen der Meßstrecken 12 und 13 im Vergleich mit denen der Strecken 4, 4a, 8 und 8a).

Unter $P = 52$ t öffneten sich die Fugen der mittleren Doppelwinkel (in Abb. 48 zwischen 4 und 4a, sowie zwischen 8 und 8a). In der Zugzone der Bleche erschienen bei den Meßstrecken 4, 4a, 8, 8a Strecklinien, ebenso an einem Querzugband bei der Meßstrecke 12. Auf der oberen Fläche der Betonplatte erschienen zwei Längsrisse, etwa

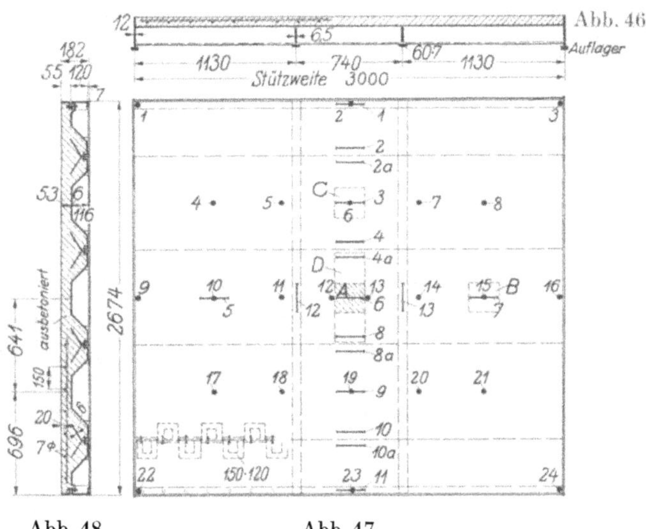

Abb. 48.　　　　　　Abb. 47.

Abb. 46 bis 48. Versuchskörper K II.

im Abstand von 130 cm, d. i. über den Buckeln des 2. und 4. Faltblechs. Unter $P = 61$ t wurde die Decke zerstört; die Betonplatte wurde über nahezu die ganze Länge auf einer Breite von rd. 65 cm durchgedrückt.

Im ganzen fand sich für die Decke K II, daß die Zuganstrengung der Winkelbleche bei mittiger Belastung über die Fließgrenze hinaus gesteigert werden konnte.

3. Decke E I nach Abb. 49 bis 52 und Decke E II nach Abb. 53 bis 55.

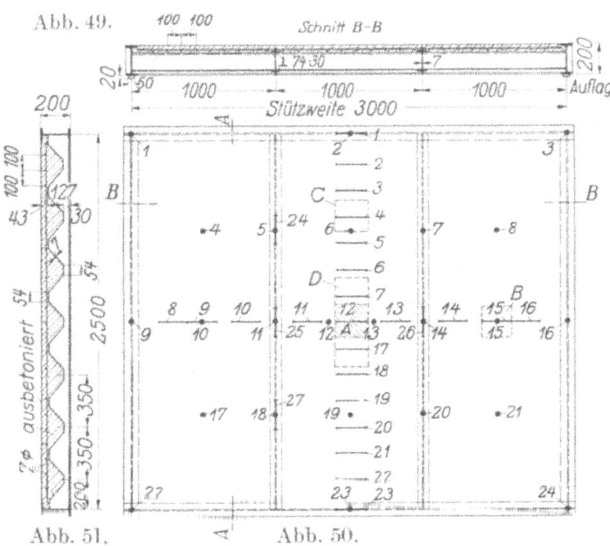

Die 7 mm dicken Faltbleche reichen in 3 je 1 m breiten Bahnen über die Breite der Decke; die Stoßstellen liegen an Querversteifungen aus Blechen und ⊥-Stählen gemäß

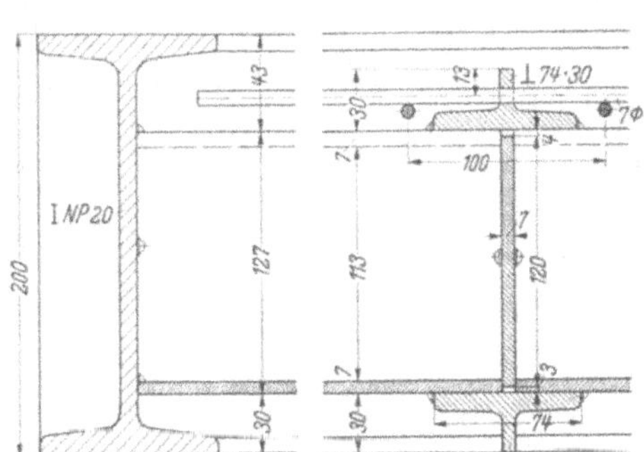

Abb. 49 bis 51. Versuchskörper E I.

Abb. 52. Einzelheiten zum Versuchskörper E I. Vgl. auch Abb. 49 bis 51.

Abb. 49, 50 und 52. Gegenüber den Decken K I und K II waren die Bleche dicker (7 gegen 6 mm); ferner war das stählerne Tragwerk der Decken E I und E II höher (200 gegen 182 mm).

2*

Die Decken E I und E II unterscheiden sich durch die Höhe der Betonfüllung. Die Platte E I ist bis zur oberen Fläche der Randträger gefüllt, die Platte E II 40 mm höher. Der Beton besaß am Prüfungstag der Decke E I eine Druckfestigkeit von 412 kg/cm² und eine Biegefestigkeit von 51 kg/cm²; für den Beton der Decke E II ist die Druckfestigkeit zu 463 kg/cm² und die Biegefestigkeit zu 48 kg/cm² ermittelt worden. Die Streckgrenze des Stahls fand sich für Proben aus den Faltblechen zu 3650 kg/cm², für Proben aus dem unteren Flansch der Träger zu 2670 kg/cm².

Die Lastverteilung ist aus den Angaben der Zusammenstellungen 14 und 15 zu erkennen; u. a. fand sich unter $P = 20$ t an der unteren Fläche

a) der Decke E I in den Meßstrecken 2 4 6 12 18 20 22
die Verlängerung zu . . . . 0,26 0,36 0,43 0,80 0,44 0,32 0,27 mm/m,

b) bei der Decke E II in denselben Meßstrecken
die Verlängerung zu . . . . 0,17 0,23 0,28 0,42 0,30 0,21 0,19 mm/m.

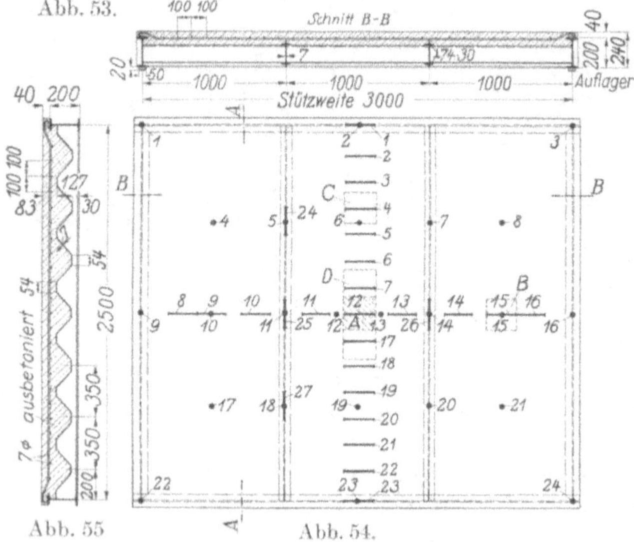

Abb. 53 bis 55. Versuchskörper E II.

Abb. 56. Versuchskörper E I nach dem Versuch. Stoß der Faltbleche gebrochen. Faltbleche a, Querverbindung b, Längsträger c.

Mit der höheren Betonfüllung ist hiernach die Lastverteilung günstiger geworden. Die größte Beanspruchung war nur noch halb so groß.

Bei allmählich steigender Belastung sind an der Decke E I erstmals unter $P = 57$ t, an der Decke E II erstmals unter $P = 55$ t Anzeichen der kommenden Zerstörung durch Knallen innerhalb der Decke wahrgenommen worden. Die Höchstlast betrug bei der Decke E I 69,8 t, bei der Decke E II 80 t. Hieraus geht zunächst hervor, daß die höhere Betonfüllung der Decke E II zu einer höheren Bruchlast geführt hat, wie zu erwarten war.

Die weiteren Beobachtungen lassen erkennen, daß unter den genannten Höchstlasten die Zuganstrengung der Bleche und Träger an den Rändern der Decke unter der Fließgrenze des Stahls blieb. Die Zerstörung ist durch Zerreißen der Schweißverbindungen an den Stößen der Faltbleche eingetreten, also an den Schweißnähten, mit denen die Faltbleche an die Querverbindungen angeschlossen waren.

E. Schlußbemerkung.

Der vorliegende Bericht gibt einen Abriß der bisher ausgeführten Versuche mit Leichtfahrbahndecken. Damit soll zunächst aufmerksam gemacht werden, daß die Stahlzellendecke eine weitgehende Ausnützung des Werkstoffs ermöglicht und daß es für die Bemessung solcher Decken einfache Näherungsverfahren gibt.

Die Versuche mit Buckelblechen — ursprünglich wegen einer Sonderfrage aufgenommen — geben Auskunft über ihre Tragkraft; auch sind vorläufige Aufschlüsse über die Lastverteilung auf die Randträger entstanden. Es erscheint geboten, diese Untersuchungen auf erweiterter Grundlage fortzusetzen, weil das Buckelblech ein einfaches Tragglied darstellt, das nach den vorliegenden Versuchen und nach den Erfahrungen des Brückenbauers als sehr wertvoll anzusehen ist. Die Berechnungsgrundlagen für Buckelbleche bedürfen dazu der Entwicklung.

Lehrreich sind auch die Ergebnisse der Versuche mit Tragwerken aus Winkelblechen und Faltblechen. Die vorliegenden Feststellungen geben Unterlagen für die Weiterentwicklung solcher Tragwerke. Dazu fand sich u. a., daß bei der Anwendung der geprüften Tragwerke in Straßenbrücken zur Aufnahme von Einzellasten eine Verstärkung der Querversteifungen über das bisher gewählte Maß nötig erscheint. Auch hier ist eine weitere Durchdringung der rechnerischen Grundlagen erwünscht.

Zusammenstellungen.

Zusammenstellung 1. Stahlzellendecken 1, 4, 5 und 6.
Einsenkungen in mm.

Stahlzellendecke	Belastung	Belastung in der Mitte (Lastfläche 10 × 50 cm) Einsenkungen der Träger								
	t	1	2	3	4	5	6	7	8	9
1 11 Stege, keine Querzugbänder	9,8	1,99	2,13	2,30	2,43	2,56	2,55	2,48	2,42	2,37
	19,4	3,97	4,21	4,52	4,77	4,96	4,94	4,73	4,54	4,46
	25,8	5,23	5,53	5,93	6,27	6,53	6,41	6,22	5,97	5,34
4 11 Hilfsstege, 11 Querzugbänder mit 25 cm Abstand	9,9	1,54				3,42				1,71
	19,5	3,05				6,45				3,35
	25,0	4,00				9,15				4,38
5 5 Stege, 6 Hilfsstege, 5 Querzugbänder mit 50 cm Abstand	9,3	0,89				2,17				
	18,9	3,47				4,40				3,82
	24,6	4,52				5,74				4,98
6 3 Stege, 8 Hilfsstege, 3 Querzugbänder mit 75 cm Abstand	9,3	1,68				2,35				1,84
	18,9	3,30				4,78				3,69
	24,6	4,32				6,34				4,77

Zusammenstellung 2. Stahlzellendecken 1, 4, 5 und 6.
Dehnungen in mm/m.

Stahlzellendecke	Belastung	Belastung in der Mitte (Lastfläche 10 × 50 cm) Dehnungen an der unteren Fläche des Trägers								
	t	1	2	3	4	5	6	7	8	9
1 11 Stege, keine Querzugbänder	9,8		0,25	0,27	0,36	0,42	0,39	0,29	0,21	
	19,4		0,52	0,59	0,72	0,84	0,76	0,61	0,49	
	25,8		0,67	0,77	0,96	1,12	1,02	0,84	0,69	
4 11 Hilfsstege, 11 Querzugbänder mit 25 cm Abstand	9,9		0,17		0,44	0,36		0,25		
	19,5		0,36		1,10	0,87		0,56		
	25,0		0,47		1,60	1,24		0,77		
5 5 Stege, 6 Hilfsstege, 5 Querzugbänder mit 25 cm Abstand	9,3	0,16	0,21	0,25	0,31	0,36	0,34	0,27	0,22	0,19
	18,9	0,39	0,44	0,50	0,66	0,71	0,69	0,59	0,47	0,39
	24,6	0,52	0,59	0,71	0,97	1,02	0,97	0,81	0,67	0,51
6 3 Stege, 8 Hilfsstege, 3 Querzugbänder mit 75 cm Abstand	9,3	0,12	0,20	0,22	0,29	0,39	0,34	0,25	0,21	0,19
	18,9	0,35	0,41	0,52	0,64	0,77	0,70	0,56	0,45	0,39
	24,6	0,46	0,55	0,70	0,89	1,07	0,96	0,76	0,62	0,51

Zusammenstellung 3. Stahlzellendecken A_1 bis A_3, B_4[1].

Decke	Belastung t	Formänderungen bei **Belastung in der Mitte** (Versuch 1) an den Trägern												
		1	2	3	4	5	6	7	8	9	10	11	12	13
		a) Dehnungen in mm/m.												
A_1	3	0,20	0,22	0,25	0,17	0,16								
	6	0,41	0,44	0,50	0,45	0,41								
A_2	3	0,07	0,10	0,11	0,16	0,17	0,15	0,11	0,10	0,06				
	6	0,14	0,19	0,24	0,31	0,34	0,27	0,22	0,17	0,14				
	9	0,21	0,29	0,35	0,45	0,57	0,40	0,32	0,27	0,24				
A_3	6	0,07	0,12	0,13	0,18	0,18	0,27	0,30	0,24	0,19	0,18	0,12	0,11	0,07
	12	0,10	0,14	0,25	0,37	0,32	0,47	0,62	0,50	0,41	0,32	0,37	0,18	0,10
B_4	6	0,08	0,08	0,13	0,15	0,15	0,21	0,26	0,22	0,17	0,10	—	0,10	—
	12	0,11	0,16	0,20	0,22	0,32	0,43	0,56	0,43	0,35	0,24	0,22	0,16	—
		b) Einsenkungen in mm.												
A_1	6	2,85	3,08	3,30	3,30	3,20								
	7	3,45	3,53	3,75	3,68	3,65								
A_2	3	0,68	—	—	—	1,00	0,85	0,80	0,85	0,75				
	6	1,45	—	—	—	1,95	1,74	1,62	1,56	1,33				
	9	2,20	—	—	—	3,03	2,68	2,54	2,34	2,10				
A_3	6	0,55		0,93	1,13	1,47	1,57	1,55	1,50	1,40	1,25	0,98	0,75	0,62
	12	1,18	1,38	2,02	2,32	2,78	3,14	3,35	3,06	2,77	2,42	1,90	1,53	1,27
	6[2]		0,77	1,29	1,40	1,65	1,80	1,80	1,72	1,59	1,37	1,06	0,75	0,70
B_4	6	0,55	0,69	0,88	0,93	1,33	1,53	1,53	1,38	1,18	1,13	0,72	0,56	0,25
	12	0,92	1,37	1,67	1,98	2,45	2,92	3,10	2,78	2,36	2,18	1,64	1,35	0,72

Zusammenstellung 4. Stahlzellendecken A_1 bis A_3, B_4[1].

Decke	Belastung t	Formänderungen bei **Belastung am Rand** (Versuch 2 bei Platte A_1, Versuch 3 bei Platte A_2, A_3 und B_4) an den Trägern												
		1	2	3	4	5	6	7	8	9	10	11	12	13
		a) Dehnungen in mm/m.												
A_1	2	0,34	0,22	0,12	— 0,01	— 0,09								
	3	0,57	0,34	0,17	0	— 0,14								
A_2	2	0,35	0,22	0,14	0,11	0,04	0,02	0	— 0,02	— 0,06				
	3	0,52	0,35	0,20	0,14	0,10	0,04	0	— 0,05	— 0,07				
A_3	3	0,41	0,29	0,22	0,15	0,12	0,10	0,04	0,02	0	0	— 0,01	— 0,02	— 0,06
	6	2,05	0,74	0,50	0,32	0,22	0,20	0,08	0,05	0	— 0,02	— 0,04	— 0,06	— 0,11
B_4	3	0,21	0,14	0,11	0,07	0,07	0,05	0,02	0,01	0	— 0,02	— 0,03	— 0,03	— 0,02
	6	0,40	0,30	0,22	0,12	0,11	0,08	0,03	0	— 0,01	— 0,01	— 0,03	— 0,02	— 0,02
	12	0,85	0,50	0,45	0,30	0,20	0,14	0,07	0,03	0	— 0,02	— 0,03	— 0,03	— 0,01
		b) Einsenkungen in mm.												
A_1	1	1,40	1,00	0,45	0,08	— 0,30								
	2	2,85	2,03	1,00	0,25	— 0,70								
	3	4,40	3,20	1,60	0,25	— 1,20								
A_2	2	2,23	1,76	1,24	0,77	0,50	0,13	— 0,09	— 0,31	— 0,53				
	3	3,30	2,55	1,86	1,16	0,67	0,19	— 0,24	— 0,57	— 0,85				
A_3	3	2,67	2,03	1,72	1,25	0,92	0,50	0,27	0,16	— 0,01	— 0,18	— 0,37	— 0,36	— 0,45
	6	5,53	4,83	3,59	2,60	1,74	1,08	0,72	0,21	— 0,09	— 0,40	— 0,69	— 0,89	— 0,98
	3[2]	3,00	1,85	1,60	1,25	0,77	0,50	0,32	0,14	— 0,09	— 0,18	— 0,26	— 0,39	— 0,53
B_4	3	1,62	1,41	1,10	0,83	0,52	0,36	0,20	0,23	0,12	0,01	— 0,05	— 0,11	— 0,22
	6	2,90	2,38	1,96	1,53	1,07	0,71	0,35	0,32	0,18	0,00	— 0,10	— 0,25	— 0,40
	12	5,95	4,85	3,91	2,91	2,12	1,52	0,98	0,79	0,45	0,06	— 0,23	— 0,37	— 0,75

[1] Die Strichelung zeigt die Laststellung.   [2] Wiederholter Versuch.

Zusammenstellung 5. Vergleich der Einsenkungen der Stahlzellendecken und der Stabmodelle.

Probekörper	Last in kg	Verhältniszahlen der gesamten Einsenkungen der Träger												
		1	2	3	4	5	6	7	8	9	10	11	12	13

a) Belastung in der Mitte.

Probekörper	Last in kg	1	2	3	4	5	6	7	8	9	10	11	12	13
Stahlzellendecke A_1	6000, 7000 Mittel aus 2 Versuchen	89	93	100	99	97								
Stabmodell A_{1_o}	10	95	98	100	98	95								
Stabmodell A_{1_m}	20	95	97	100	97	93								
Stahlzellendecke A_2	3000, 6000, 9000 Mittel aus 3 Versuchen	72	—	—	—	100	87	82	81	71				
Stabmodell A_{2_o}	12	64	75	86	95	100	96	85	74	62				
Stabmodell A_{2_m}	25	70	80	90	97	100	97	90	79	70				
Stahlzellendecke A_3	6000, 12000, 6000 Mittel aus 3 Versuchen	35	42	64	73	90	98	100	95	87	76	60	45	39
Stabmodell A_{3_o}	30	14	32	49	66	82	95	100	95	82	66	49	33	14
Stabmodell A_{3_m}	30	30	44	58	71	85	95	100	96	85	72	59	44	30

b) Belastung am Rand.

Probekörper	Last in kg	1	2	3	4	5	6	7	8	9	10	11	12	13
Stahlzellendecke A_1	1000, 2000, 3000 Mittel aus 3 Versuchen	100	72	34	7	−24								
Stabmodell A_{1_o}	3	100	67	34	2	−29								
Stabmodell A_{1_m}	6	100	66	34	2	−30								
Stahlzellendecke A_2	2000, 3000 Mittel aus 2 Versuchen	100	78	56	35	21	6	−5	−15	−25				
Stabmodell A_{2_o}	7	100	77	55	37	21	7	−5	−17	−27				
Stabmodell A_{2_m}	10	100	78	57	38	23	9	−5	−17	−30				
Stahlzellendecke A_3	3000, 6000, 3000 Mittel aus 3 Versuchen	100	75	61	45	30	19	12	5	−2	−7	−12	−14	−18
Stabmodell A_{3_o}	12	100	76	55	38	23	12	4	−1	−5	−7	−9	−10	−12
Stabmodell A_{3_m}	12	100	84	62	45	29	19	9	2	−3	−8	−12	−15	−20

Zusammenstellung 6. Versuche mit Stahlzellendecken.

Laststelle	Belastung	Platte A_1				Platte A_2			Platte A_3			Platte B_4		
		y^* mm		ε mm/m		y^* mm		ε mm/m	y^* mm		ε mm/m	y^* mm		ε mm/m
	t	unter der Laststelle	Höchstwert[1]	unter der Laststelle	Höchstwert[1]	unter der Laststelle	Höchstwert[1]	unter der Laststelle	unter der Laststelle	Höchstwert[1]	unter der Laststelle	unter der Laststelle	Höchstwert[1]	unter der Laststelle
1	3	1,55	1,70	0,25	—	1,00	—	0,17	—	—	—	—	—	—
in der Mitte	6	3 30	—	0,50	—	1,95	—	0,34	1,55	1,57	0,30	1,53	—	0,26
der Platte	12	—	—	—	—	—	—	—	3,35	—	0,62	3,10	—	0,56
2	3	2 40	3,20	0,27	0,32	1,45	1,78	0,21	1,05	1,22	0,18	—	—	—
in $^1/_4$ der Breite	6	—	—	—	—	3,05	3,73	—	2,10	2,43	0,36	1,40	—	0,27
3	3	4,40	—	0,57	—	3,30	—	0,52	2,67	—	0,41	1,62	—	—
am Rand	6	—	—	—	—	—	—	—	5,53	—	2,05[2]	2,90	—	0,40
4	6	1,85	2,10	0,37	—	1,15	1,35	0,30	1,15	1,30	0,29	1,18	1,28	0,27
in $^1/_4$ der	9	2,90	3,30	0,56	—	1,70	2,05	0,47	—	—	—	—	—	—
Stützweite	12	—	—	—	—	—	—	—	2,20	2,50	0,55	2,05	2,35	0,50

* Die Einsenkungen sind nach Beachtung der Bewegungen der Auflager angegeben.

[1] Soweit an den sonst vorgesehenen Meßstellen ein höherer Wert als unter der Laststelle auftrat.

[2] Davon bleibend $\varepsilon = 1{,}34$ mm/m.

Zusammenstellung 7. Dehnungen der Querzugbänder in der Mitte der Decken A_3 und B_4.

Belastung in der Mitte t	Meßstrecke $l = 200$ mm zwischen den Trägern											
	1 und 2	2 und 3	3 und 4	4 und 5	5 und 6	6 und 7	7 und 8	8 und 9	9 und 10	10 und 11	11 und 12	12 und 13
a) Decke A_3 (Versuch 5).												
6	0,01	0,01	0,03	0,04	0,14	0,27	0,32	0,14	0,06	0,02	0,01	0,02
12	0,02	0,02	0,06	0,13	0,30	0,65	0,65	0,35	0,15	0,07	0,03	0,05
b) Decke B_4 (Versuch 1).												
6	0,02	0,01	0,06	0,07	0,14	0,27	0,28	0,15	0,13	0,04	0	—
12	0,02	0,04	0,09	0,15	0,29	0,52	0,54	0,30	0,16	0,07	0	—

Zusammenstellung 8. Stahlzellendecken A_1 bis A_3, B_4.

Bezeichnung der Maße, Anstrengungen usw.	Bezeichnung der Trägerrostplatten			
	A_1	A_2	A_3	B_4
Breite in m	1	2	3	3
Randträger	nicht verstärkt			verstärkt
Streckgrenze in den Flanschen	30,5	30,6	24,4	26,5
des Werkstoffs in den Stegen	32,3	31,3	31,9	27,5
σ_s kg/mm² im Deckblech	38,3	37,3	36,7	35,3
Höchstlast beim Versuch P_{max} kg (Last in der Mitte) .	33000	60000	70000	105000
Verhältniszahlen für P_{max}	1,0	1,8	2,1	3,2
Widerstandsmoment der Platte mit Deckblech W cm³ . .	482	876	1271	1759
Rechnerische Höchstlast[1] P_r kg	20300	37000	44600	67100
Verhältniszahlen für P_r	1,0	1,8	2,1	3,2
für $P_{max} : P_r$	1,63	1,62	1,57	1,57

[1] Berechnet mit dem Widerstandsmoment W der Decken und der Streckgrenze σ_s des Werkstoffs in den Trägerflanschen und mit der Annahme, daß die Lasten an den Kanten der Belastungsplatten wirken.

Zusammenstellung 9. Einfluß der Belastungsdauer auf die Dehnung des Buckelblechs I.

Belastung P kg	Dauer der Belastung	Dehnungen der Meßstrecken[1]						
		17b mm/m	18b mm/m	5 mm/m	8 mm/m	16 mm/m	19 mm/m	
6000	sofort	+0,21	+0,19	+0,21	+0,21	+0,22	+0,22	Belastung in 1 min erreicht
6000	80 sec	+0,27	+0,23	+0,24	+0,24	+0,25	+0,23	
6000	6 min	+0,30	+0,27	+0,25	+0,25	+0,25	+0,25	
6000	10 min	+0,32	+0,27	+0,25	+0,25	+0,25	+0,25	
0	sofort	+0,18	+0,12	+0,09	+0,08	+0,11	+0,09	
0	2 min	+0,10	+0,07	+0,04	+0,05	+0,09	+0,07	
0	6 min	+0,06	+0,01	+0,03	+0,03	+0,05	+0,04	
0	10 min	+0,03	+0,01	+0,01	+0,02	0	+0,02	

[1] Die Ablesung der 6 Meßstrecken dauerte rd. 1 min. Die Ablesung begann, nachdem die Last die in Spalte 2 genannte Zeit gewirkt hatte.

Zusammenstellung 10. Einsenkungen und Längenänderungen

Belastung bei A kg	Einsenkung in mm [1]							Längen-		
	A	B	C	D	E	F	G	1	2	5
12000	2,8	0,5	9,0	9,4	9,0	0,6	3,0	0	+0,02	+0,18
24000	5,4	1,05	18,1	19,7	18,4	1,1	5,6	+0,02	+0,04	+0,50
36000	8,3	1,5	25,6	27,2	26,7	1,7	8,5	+0,02	+0,04	+0,81
48000	11,8	2,0	35,0	37,5	36,0	2,3	11,9	+0,03	+0,05	+1,10
60000	15,4	2,7	47,6	51,0	49,0	3,0	16,2	0	+0,06	+1,26

[1] Vgl. Abb. 36. Die Meßuhren bei B bis F geben die Bewegungen gegenüber den unteren Flanschen der

Zusammenstellung 11. Buckelblech II.

Gesamte Einsenkungen in mm.

Ort der Belastung	P kg	An den Meßstellen									
		2/22	4/20	5/19	6/18	7/17	8/16	9/15	10/14	11/13	12/12a
A	6000	0,2	1,2	2,7	4,4	6,4	8,2	1,6	2,3	5,9	10,4
	12000	0,3	2,2	5,1	8,6	12,5	15,8	3,2	4,6	10,9	20,3
	18000	0,5	3,1	7,3	12,5	18,3	22,9	4,7	6,7	15,8	29,7
											(5,0)

Ort der Belastung	P kg	2	4	5	6	7	8	9/15	10/14	11/13	18	12	16	17	19	20	22
B	6000	0,1	0,8	1,7	2,7	3,7	4,4	1,2	2,7	3,9	13,9	4,7	6,3	9,7	8,1	2,8	0,5
	12000	0,2	1,4	3,1	5,0	7,0	8,2	2,4	5,2	8,0	24,7	9,1	12,3	17,8	14,2	5,2	0,8
	18000	0,2	2,0	4,5	7,1	10,1	12,1	3,4	7,5	11,7	34,4	13,2	17,4	23,9	19,6	7,5	1,3
											(8,7)						

Ort der Belastung	P kg	2/22	4/20	5/19	6/18	7/17	8/16	9	10	11	12	13	14	15
C	6000	0,1	0,8	1,7	2,4	2,7	2,2	0,5	1,0	1,1	2,2	6,6	13,9	3,0
	12000	0,2	1,6	3,3	4,6	5,0	4,2	0,9	2,1	2,4	4,1	12,3	26,3	6,1
													(4,0)	

Die eingeklammerten Zahlen bedeuten bleibende Einsenkungen nach Wegnahme von $P = 18000$ kg (Belastung bei A und B), bzw. 12000 kg (Belastung bei C).

Zusammenstellung 13.

Längsträger zum Buckelblech I.

Belastung t	Laststellung	Dehnungen der Meßstrecken 6 und 7 in mm/m	Anstrengung in kg/cm²
12	A	0,145	305
12	4 Lasten (Näheres im Text)	0,08	167
24		0,165	347
36		0,25	525
60		0,41	860

[1] Im Mittel aus 4 Versuchen.

Längsträger zum Buckelblech II.

Belastung t	Laststellung	Dehnungen der Meßstrecken 32 und 33 in mm/m	Anstrengung in kg/cm²
12	A	0,10[1]	210
18	A	0,15	325
20	nach Abb. 41	0,11	230
30		0,18	375
40		0,23	495
60		0,40	840

am Buckelblech I und am zugehörigen Trägerrahmen.

änderungen der Meßstrecken in mm/m

6	7	8	11	12	15[2]	16	17a	18a	19	20[2]
+0,07	+0,09	+0,14	+0,01	0	+0,19	0	−0,03	−0,01	0	+0,19
+0,14	+0,10	+0,46	+0,01	+0,01	+0,35	−0,21	−0,06	+0,01	−0,24	+0,34
+0,22	+0,28	+0,81	+0,02	+0,02	+0,52	−0,36	−0,11	+0,03	−0,30	+0,50
+0,27	+0,36	+1,03	+0,02	+0,01	+0,69	−0,42	−0,24	0	−0,44	+0,06
+0,35	+0,47	+1,27	+0,04	0	+0,85	−0,43	−0,47	−0,11	−0,42	+0,84

Randträger. — [2] An der unteren Fläche der Querverbindungen der Randträger.

Zusammenstellung 12.

Gesamte Dehnungen

Ort der Belastung	P kg	1/6	2/5	3/4	8/13	9/12	10/11	24/29	26/28	25/27	15/18 19/22	16/17 20/21	35/37
A	6000	0,11	0,14	0,29	0	0,01	0,37	0,03	0,27	0,36	0,13	0,23	— 0,02
	12000	0,21	0,26	0,45	— 0,03	0,03	0,70	0,01	0,52	0,71	0,24	0,35	— 0,04
	18000	0,30	0,40	0,60	— 0,07	0,04	1,19	0,02	0,87	1,28 (0,66[1])	0,36	0,24	— 0,10

Ort der Belastung	P kg	24/29	26/28	25/27	32/33	15/19	16/20	17/21	18/22	1	2	3	4
B	6000	— 0,02	— 0,02	0,04	0,03	0,01	0,02	0,07	0,14	0,03	0,02	0,06	0,08
	12000	— 0,04	— 0,02	0,13	0,06	0,09	0,11	0,15	0,26	0,09	0,08	0,14	0,15
	18000	— 0,05	— 0,04	0,19	0,07	0,12	0,19	0,24	0,38	0,13	0,15	0,22	0,21

Ort der Belastung	P kg	1/6	2/5	3/4	8/13	9/12	10/11	34/36	35/37	30/31	7	14	23
C	6000	0,04	0,01	— 0,04	— 0,04	— 0,06	— 0,05	0,15	0,18	0,08	0,03	— 0,02	0,34
	12000	0,09	0,02	— 0,08	— 0,06	— 0,12	— 0,11	0,34 (— 0,03[1])	0,34	0,14	0,06	— 0,05	0,61 (0,13[1])

Ort der Belastung	P kg	1/6	2/5	3/4	8/13	9/12	10/11	24/29	26/28	25/27	15/18 19/22	16/17 20/21	35/37
A, mit Querverbindung	6000	0,11	0,16	0,23	— 0,01	0,03	0,12	0,10	0,22	0,24	0,13	0,22	0,01
	12000	0,21	0,30	0,49	— 0,04	0,04	0,28	0,15	0,46	0,42	0,25	0,45	0
A, ohne Querverbindung	6000	0,11	0,14	0,29	— 0,03	0,01	0,14	0,02	0,26	0,24	0,13	0,26	0
	12000	0,20	0,32	0,56	— 0,07	0,02	0,36	0,06	0,50	0,45	0,26	0,49	— 0,01

[1] Bleibende Längenänderungen.

Zusammenstellung 14.

Längenänderungen der 200 mm langen Meßstrecken in mm/m[1].

Ort der Belastung	Belastung P kg	1	2	2a	3	4	4a	5
A	5000	+ 0,05	+ 0,06	+ 0,06	— 0,02	+ 0,10	+ 0,10	— 0,02
	10000	+ 0,11	+ 0,13	+ 0,13	— 0,02	+ 0,22	+ 0,25	— 0,04
	15000	—	—	—	—	+ 0,38	+ 0,42	—
	20000	+ 0,28	+ 0,29	+ 0,33	— 0,06	+ 0,51	+ 0,56	— 0,07
	25000	—	—	+ 0,43	— 0,07	+ 0,62	+ 0,71	—
	0	+ 0,03	+ 0,04	+ 0,05	— 0,01	+ 0,05	+ 0,08	0
B	9000	+ 0,06	+ 0,06	+ 0,06	— 0,01	+ 0,05	+ 0,05	0
	18000	+ 0,13	+ 0,12	+ 0,12	— 0,01	+ 0,11	+ 0,11	0
	0	0	0	+ 0,01	0	0	0	0
C	5000	+ 0,12	+ 0,12	+ 0,14	— 0,01	+ 0,13	+ 0,11	— 0,01
	10000	+ 0,24	+ 0,24	+ 0,26	— 0,02	+ 0,21	+ 0,21	— 0,01
	20000	+ 0,52	+ 0,59	+ 0,61	— 0,02	+ 0,53	+ 0,47	— 0,08
	0	+ 0,01	+ 0,01	+ 0,01	0	0	0	0
	25000	+ 0,68	+ 0,73	+ 0,82	— 0,01	+ 0,74	+ 0,63	— 0,05
	0	+ 0,02	+ 0,02	+ 0,04	0	+ 0,05	+ 0,01	— 0,01
D	25000	+ 0,35	+ 0,37	+ 0,37	— 0,08	+ 0,60	+ 0,61	— 0,07
	35000					+ 0,86	+ 0,96	
	45000	+ 0,68	+ 0,75	+ 0,78	— 0,12	+ 1,32	+ 1,50	+ 0,07
	0	+ 0,04	+ 0,04	+ 0,02	— 0,02	+ 0,20	+ 0,26	— 0,01
	50000	+ 0,82	+ 0,79	+ 0,76	— 0,15	+ 1,97	+ 1,92	+ 0,02

[1] — Verkürzung der Meßstrecke, + Verlängerung der Meßstrecke. Die Längenänderungen gehen bei dem war. Es sind also die bleibenden Längenänderungen vom vorhergehenden Versuch nicht eingeschlossen.

Buckelblech II.

der Meßstrecken in mm/m.

34/36	32/33	30/31	7	14	23
−0,03	0,05	0,10	0,05	−0,05	−0,13
−0,04	0,09	0,17	0,07	−0,08	−0,23
−0,06	0,15	0,25	0,10	−0,12	−0,30

5	6	7	8	9	10	11	12	13	14	23	30	31	34	35	36	37
0,09	0,42	0,43	−0,01	−0,02	−0,03	0,03	0,10	0,53	0,47	0,08	0,06	0,06	0,03	0,03	0,03	−0,04
0,24	0,59	0,61	−0,01	−0,02	−0,01	0,04	0,23	1,10	0,79	0,15	0,13	0,13	0,05	0,04	0,03	−0,10
0,35	0,66	0,79	−0,04	−0,04	−0,02	0,07	0,31	1,70 (0,04[1])	1,23	0,19	0,16	0,20	0,07	0,04	0,07	−0,15

24	25	26	27	28	29	15/22	16/21	18/19	17/20	32	33
0,21	0,01	−0,08	−0,04	−0,02	0	0,01	−0,10	0	0	0,14	0,02
0,30	−0,02	−0,17	−0,05	−0,03	0	0,01	−0,17	−0,03	−0,06	0,27	0,02

34/36	32/33	30/31	7	14	23
0		0,11	0,05	−0,01	0,01
−0,02	0,10	0,17	0,10	−0,04	−0,03
−0,02	0,06	—	0,05	−0,04	−0,06
−0,04	0,10	—	0,10	−0,07	−0,07

Decke K II.

Die Meßstrecken liegen an der unteren Fläche des Bleches und der Träger.

6	7	8	8a	9	10	10a	11	12	13
0	−0,02	+0,11	+0,09	−0,02	+0,05	+0,06	+0,05	+0,13	+0,13
−0,01	−0,03	+0,26	+0,23	−0,03	+0,14	+0,14	+0,11	+0,27	+0,26
−0,01	—	+0,44	+0,39	—	—	—	—	+0,42	+0,40
−0,01	−0,06	+0,59	+0,50	−0,07	+0,33	+0,31	+0,26	+0,53	+0,53
−0,02	—	+0,76	+0,65	−0,09	+0,41	—	—	+0,71	+0,70
0	0	+0,09	+0,05	−0,01	+0,04	+0,04	+0,03	+0,02	+0,01
−0,02	0	+0,04	+0,04	0	+0,06	+0,06	+0,05	+0,10	+0,17
−0,02	+0,01	+0,10	+0,11	−0,02	+0,12	+0,13	+0,09	+0,19	+0,35
0	−0,02	0	0	0	0	0	0	+0,01	0
−0,03	−0,01	+0,03	+0,05	−0,03	+0,02	+0,02	+0,02	0	0
−0,07	−0,03	+0,08	+0,10	−0,04	+0,04	+0,06	+0,04	−0,01	−0,01
−0,10	−0,08	+0,23	+0,22	−0,06	+0,13	+0,15	+0,09	−0,13	−0,02
−0,01	−0,05	−0,01	0	0	0	−0,01	−0,01	0	−0,03
−0,10	−0,07	+0,31	+0,35	−0,06	+0,17	+0,17	+0,13	−0,02	−0,02
−0,01	−0,01	−0,02	0	−0,02	−0,01	0	0	−0,03	−0,04
−0,10	−0,09	+0,66	+0,62	−0,10	+0,36	+0,38	+0,30	+0,53	+0,53
−0,14		+1,00	+0,94						
−0,20	+0,03	+1,70	+1,44	−0,16	+0,79	+0,76	+0,66	+1,05	+1,01
0,03	−0,01	+0,42	+0,21	−0,01	+0,07	+0,03	0	+0,06	+0,04
−0,49	+0,01	+2,22	+2,00	−0,17	+0,98	+0,93	+0,84	+1,27	+1,26

Versuch zu den einzelnen Laststellungen von dem Zustand aus, der bei Beginn des Versuches vorhanden

Zusammenstellung 15.

Längenänderungen der 200 mm langen Meßstrecken in mm/m[1].

Last-stellung	Belastung P kg	1	2	3	4	5	6	7	8	9	10	11	12
A	5 000	+0,08	+0,06	−0,03	+0,07	−0,03	+0,09	−0,03	0	+0,01	+0,03	+0,07	+0,16
	10 000	+0,14	+0,12	−0,05	+0,17	−0,06	+0,19	−0,07	+0,02	+0,04	+0,08	+0,15	+0,32
	15 000	+0,23	+0,19	−0,07	+0,26	−0,07	+0,32	−0,10	+0,02	+0,07	+0,14	+0,28	+0,51
	20 000	+0,31	+0,26	−0,10	+0,36	−0,10	+0,43	−0,17	+0,04	+0,08	+0,15	+0,43	+0,80
	0	0	0	−0,01	+0,01	−0,01	+0,01	−0,01	−0,01	−0,01	0	+0,03	+0,05
B	9 000	+0,04	+0,05	−0,02	+0,06	−0,02	+0,04	−0,01	0	−0,01	+0,01	+0,05	+0,05
	18 000	+0,10	+0,11	−0,04	+0,14	−0,03	+0,09	−0,03	+0,01	−0,01	+0,01	+0,09	+0,11
	25 000	+0,17	+0,17	−0,06	+0,19	−0,04	+0,13	−0,03	−0,01	−0,02	+0,01	+0,12	+0,14
	0	−0,01	+0,01	−0,01	+0,01	−0,01	0	0	0	−0,02	−0,01	0	0
C	5 000	+0,12	+0,13	+0,06	+0,17	−0,02	+0,12	−0,01	0	+0,02	+0,04	0	+0,09
	10 000	+0,27	+0,25	−0,08	+0,34	−0,06	+0,24	−0,04	+0,02	+0,05	+0,08	+0,11	+0,16
	15 000	+0,41	+0,37	−0,14	+0,53	−0,11	+0,36	−0,07	+0,04	+0,08	+0,14	+0,22	+0,26
	20 000	+0,56	+0,47	−0,15	+0,74	−0,14	+0,51	−0,11	+0,06	+0,13	+0,19	+0,34	+0,36
	0	+0,02	+0,02	−0,01	+0,05	+0,01	+0,02	0	0	+0,01	+0,01	+0,02	0
D	25 000	+0,41	+0,33	−0,12	+0,44	−0,14	+0,61	−0,20	+0,06	+0,15	+0,22	+0,54	+0,74
	35 000	+0,58	+0,49	−0,15	+0,64	−0,17	+0,91	−0,31	+0,08	+0,19	+0,32	+0,75	+1,07
	40 000	—	—	—	—	—	+1,07	−0,35	—	—	—	+0,81	+1,23
	45 000	—	—	—	—	—	+1,25	−0,40	—	—	—	+0,92	+1,43
	0	+0,04	+0,03	0	+0,04	−0,02	+0,06	−0,02	0	+0,02	+0,01	+0,01	+0,13
	45 000	+0,75	+0,65	−0,19	+0,83	−0,20	+1,20	−0,38	+0,13	+0,22	+0,42	+0,99	+1,32
	50 000	+0,87	+0,72	−0,22	+0,94	−0,23	+1,38	−0,45	—	—	—	+1,08	+1,50
	53 100	+0,97	+0,80	−0,23	+0,92	−0,35	+1,79	−0,65	—	—	—	+1,19	+1,66

[1] — Verkürzung der Meßstrecke, + Verlängerung der Meßstrecke. Die Längenänderungen gehen bei war. Es sind also die bleibenden Längenänderungen vom vorhergehenden Versuch nicht eingeschlossen.

Zusammenstellung 16.

Längenänderungen der 200 mm

Last-stellung	Belastung P kg	1	2	3	4	5	6	7	8	9	10	11	12	13
A	5 000	+0,04	+0,03	0	+0,05	−0,01	+0,07	−0,01	−0,02	0	+0,01	+0,04	+0,08	+0,05
	15 000	+0,13	+0,11	−0,01	+0,14	−0,02	+0,21	−0,02	−0,01	+0,03	+0,06	+0,14	+0,28	+0,15
	20 000	+0,21	+0,17	0	+0,23	−0,02	+0,28	−0,02	0	+0,06	+0,10	+0,23	+0,42	+0,22
	30 000	+0,33	+0,28	−0,01	+0,34	−0,01	+0,48	−0,15	+0,02	+0,06	+0,11	+0,46	+0,71	+0,47
	0	+0,02	0	+0,01	+0,02	−0,01	+0,02	−0,02	−0,03	−0,02	−0,02	+0,02	+0,04	+0,02
B	9 000	+0,06	+0,06	0	+0,07	+0,01	+0,06	−0,01	0	+0,02	+0,04	+0,03	+0,03	+0,04
	18 000	+0,09	+0,08	0	+0,10	−0,01	+0,08	−0,01	0	+0,01	+0,04	+0,04	+0,07	+0,09
	25 000	+0,15	+0,11	−0,01	+0,12	−0,11	+0,12	−0,01	+0,01	+0,02	+0,05	+0,09	+0,11	+0,13
	0	+0,02	+0,01	0	+0,02	0	+0,02	−0,01	0	+0,02	+0,03	+0,01	+0,01	+0,01
C	10 000	+0,18	+0,17	−0,01	+0,20	0	+0,17	−0,01	+0,01	+0,04	+0,06	+0,11	+0,10	+0,11
	20 000	+0,35	+0,31	−0,01	+0,42	−0,08	+0,32	−0,01	+0,02	+0,07	+0,12	+0,22	+0,21	+0,22
	30 000	+0,55	+0,51	−0,02	+0,67	−0,19	+0,51	−0,02	+0,04	+0,10	+0,18	+0,31	+0,31	+0,32
	0	+0,01	+0,01	−0,01	+0,02	−0,04	+0,01	−0,02	−0,02	−0,02	0	+0,02	0	+0,02
D	25 000	+0,28	+0,22	0	+0,26	−0,02	+0,42	−0,09	+0,02	+0,06	+0,11	+0,36	+0,49	+0,35
	35 000	+0,40	+0,34	−0,01	+0,40	−0,06	+0,60	−0,15	+0,01	+0,09	+0,16	+0,51	+0,71	+0,52
	45 000	—	—	—	—	—	+0,80	—	—	—	—	+0,64	+0,90	+0,61
	55 000	+0,73	+0,60	+0,01	+0,66	−0,13	+1,01	−0,29	+0,18	+0,26	+0,43	+0,82	+1,10	+0,79
	0	+0,04	0	0	+0,01	−0,02	+0,05	−0,05	−0,01	+0,01	0	0	+0,06	0
	70 000	+1,02	+0,82	0	+0,86	−0,23	+1,55	−0,42	+0,26	+0,38	+0,59	+1,12	+1,64	+1,07

[1] — Verkürzung der Meßstrecke. + Verlängerung der Meßstrecke. Die Längenänderungen gehen bei war. Es sind also die bleibenden Längenänderungen vom vorhergehenden Versuch nicht eingeschlossen.

Decke E I.

Alle Meßstrecken an der unteren Fläche der Bleche und Träger.

13	14	15	16	17	18	19	20	21	22	23	24	25	26	27
+0,09	+0,04	+0,03	0	−0,04	+0,09	−0,03	+0,05	−0,03	+0,06	+0,07	+0,03	+0,09	+0,10	+0,02
+0,17	+0,09	+0,04	+0,01	−0,08	+0,22	−0,06	+0,13	−0,05	+0,13	+0,14	+0,05	+0,23	+0,23	+0,05
+0,29	+0,14	+0,08	+0,04	−0,11	+0,34	−0,09	+0,22	−0,07	+0,19	+0,23	+0,10	+0,35	+0,36	+0,11
+0,43	+0,15	+0,10	+0,05	−0,19	+0,44	−0,11	+0,32	−0,09	+0,27	+0,34	+0,14	+0,54	+0,54	+0,17
+0,03	−0,01	−0,01	+0,01	−0,01	+0,01	−0,01	−0,01	−0,01	0	0	0	+0,03	0	+0,03
+0,06	+0,14	+0,20	+0,15	−0,01	+0,05	−0,01	+0,04	−0,01	+0,05	+0,07	+0,03	+0,07	+0,19	+0,04
+0,10	+0,25	+0,44	+0,35	−0,03	+0,10	−0,03	+0,11	−0,02	+0,12	+0,13	+0,07	+0,14	+0,36	+0,05
+0,13	+0,38	+0,74	+0,49	−0,04	+0,13	−0,05	+0,15	−0,04	+0,15	+0,19	+0,11	+0,19	+0,57	+0,11
−0,01	+0,02	+0,07	+0,02	0	+0,01	−0,01	+0,01	+0,01	+0,01	+0,01	+0,02	0	−0,01	−0,01
+0,09	+0,05	+0,04	0	−0,01	+0,07	−0,01	+0,04	+0,01	+0,06	+0,05	+0,08	+0,03	+0,01	−0,02
+0,14	+0,09	+0,06	+0,02	−0,03	+0,12	−0,01	+0,09	−0,02	+0,10	+0,08	+0,18	+0,07	+0,07	−0,02
+0,25	+0,15	+0,10	+0,03	−0,05	+0,18	−0,04	+0,14	−0,03	+0,14	+0,13	+0,29	+0,09	+0,05	−0,01
+0,32	+0,20	+0,13	+0,05	−0,09	+0,26	−0,06	+0,19	−0,04	+0,15	+0,17	+0,39	+0,11	+0,11	−0,04
+0,02	+0,01	+0,02	+0,01	0	+0,02	+0,01	+0,01	0	0	+0,02	+0,02	+0,03	+0,05	0
+0,52	+0,25	+0,14	+0,06	−0,20	+0,62	−0,14	+0,42	−0,11	+0,30	+0,40	+0,17	+0,57	+0,64	+0,14
+0,77	+0,36	+0,20	+0,09	−0,29	+0,93	−0,16	+0,66	−0,13	+0,52	+0,62	+0,30	+0,80	+0,87	+0,28
+0,86	—	—	—	−0,33	+1,08	—	—	—	—	—	—	+0,94	+1,00	—
+1,00	—	—	—	−0,37	+1,26	—	—	—	—	—	—	+1,02	+1,11	—
+0,02	−0,02	−0,02	−0,01	−0,03	+0,08	0	+0,04	0	+0,06	+0,08	0	+0,01	+0,02	+0,04
+0,96	+0,48	+0,27	+0,14	−0,37	+1,20	−0,20	+0,85	−0,19	+0,65	+0,77	+0,37	+1,09	+1,12	+0,35
+1,07	—	—	—	−0,41	+1,38	−0,27	+0,93	−0,21	+0,71	+0,88	—	+1,21	+1,26	—
+1,09	—	—	—	−0,54	+1,69	−0,32	+1,00	−0,23	+0,79	+0,96	—	+1,49	+1,48	—

dem Versuch zu den einzelnen Laststellungen von dem Zustand aus, der bei Beginn des Versuchs vorhanden

Decke E II.

langen Meßstrecken in mm/m[1].

14	15	16	17	18	19	20	21	22	23	24	25	26	26a	26b	27
+0,02	0	−0,01	−0,02	+0,06	−0,01	+0,04	0	+0,04	+0,04	+0,01	+0,04	+0,03	—	—	0
+0,07	+0,03	0	−0,06	+0,21	−0,02	+0,15	−0,01	+0,12	+0,14	+0,05	+0,18	+0,17	—	—	+0,01
+0,09	+0,04	0	−0,08	+0,30	−0,02	+0,21	−0,01	+0,19	+0,20	+0,06	+0,27	+0,24	—	—	+0,02
+0,12	+0,05	+0,01	−0,19	+0,50	−0,02	+0,36	−0,01	+0,31	+0,35	+0,10	+0,51	+0,47	—	—	+0,02
−0,02	−0,01	−0,03	−0,04	+0,02	−0,01	+0,01	−0,01	+0,02	+0,01	0	+0,01	0	—	—	−0,02
+0,07	+0,11	+0,05	−0,01	+0,05	0	+0,06	+0,01	+0,06	+0,04	+0,03	+0,05	+0,11	+0,06	+0,09	+0,02
+0,14	+0,25	+0,12	−0,03	+0,09	0	+0,09	0	+0,10	+0,10	+0,04	+0,08	+0,23	+0,14	+0,13	+0,03
+0,21	+0,41	+0,23	−0,01	+0,11	−0,01	+0,12	−0,01	+0,13	+0,13	+0,06	+0,12	+0,36	+0,27	+0,22	+0,06
+0,02	+0,05	+0,03	−0,01	+0,01	+0,02	+0,01	+0,02	+0,04	0	+0,02	+0,02	+0,04	+0,02	+0,04	+0,02
+0,07	+0,03	+0,01	0	+0,08	−0,01	+0,05	−0,01	+0,04	+0,06	+0,08	+0,03	+0,03	+0,12	−0,02	−0,03
+0,13	+0,07	+0,03	0	+0,18	−0,01	+0,13	−0,01	+0,09	+0,12	+0,21	+0,04	+0,03	+0,09	0	−0,06
+0,19	+0,10	+0,04	+0,02	+0,26	−0,01	+0,18	−0,02	+0,11	+0,15	+0,35	+0,06	+0,06	+0,10	0	−0,10
0	0	0	−0,01	0	−0,01	−0,01	−0,02	−0,01	−0,01	0	−0,01	−0,03	+0,04	−0,04	−0,01
+0,13	+0,06	+0,03	−0,09	+0,42	0	+0,30	−0,03	+0,26	+0,28	+0,09	+0,33	+0,37	—	+0,26	+0,05
+0,18	+0,10	+0,05	−0,14	+0,62	−0,02	+0,43	−0,04	+0,34	+0,39	+0,14	+0,48	+0,52	—	+0,41	+0,07
—	—	—	—	+0,83	—	—	—	—	—	—	—	—	—	—	—
+0,43	+0,26	+0,18	−0,29	+1,07	−0,07	+0,71	−0,04	+0,64	+0,74	+0,40	+0,99	+0,99	—	+0,77	+0,19
−0,01	0	+0,01	−0,05	+0,05	−0,03	+0,01	−0,01	+0,06	+0,04	+0,06	+0,03	+0,03	—	+0,05	+0,04
+0,59	+0,35	+0,23	−0,42	+1,65	−0,20	+0,84	−0,04	+0,84	+1,10	+0,66	+1,28	+1,32	—	—	—

dem Versuch zu den einzelnen Laststellungen von dem Zustand aus, der bei Beginn des Versuchs vorhanden

Berichte des Deutschen Ausschusses für Stahlbau

Bisher sind erschienen:

Ausgabe A, Heft 1: Der Einfluß der Nietlöcher auf die Längenänderung von Zugstäben und die Spannungsverteilung in ihnen

Nach Versuchen im Königlichen Materialprüfungsamt zu Berlin-Lichterfelde
Berichterstatter: Geh. Regierungsrat Professor Dr.-Ing. **Max Rudeloff**
Mit 30 Textfiguren. IV und 65 Seiten. 1915. RM 3.24

Ausgabe B, Heft 1: Zur Einführung — Bisherige Versuche

Berichterstatter: Reg.-Baumeister a. D. Dr.-Ing. **Kögler**
Mit 26 Abbildungen. IV und 56 Seiten. 1915. RM 1.48

Ausgabe A, Heft 2*: Versuche zur Prüfung und Abnahme der 3000 t-Maschine

Berichterstatter: Geh. Regierungsrat Professor Dr.-Ing. **Max Rudeloff**
Mit 73 Textfiguren. III und 82 Seiten. 1920. Vergriffen.

Ausgabe A, Heft 3*: Versuche mit Anschlüssen steifer Stäbe

Berichterstatter: Geh. Regierungsrat Professor Dr.-Ing. **Max Rudeloff**
Mit 96 Textfiguren. III und 84 Seiten. 1921. Vergriffen.

Ausgabe B, Heft 4: Versuche zur Ermittlung der Knickspannungen für verschiedene Baustähle

Von **W. Rein,** o. Professor an der Technischen Hochschule Breslau
Mit 42 Textabbildungen. VI und 55 Seiten. 1930. RM 5.40

Ausgabe B, Heft 5: Dauerversuche mit Nietverbindungen

Von **O. Graf,** Professor an der Technischen Hochschule Stuttgart
Mit 69 Textabbildungen und 7 Zusammenstellungen. VI und 51 Seiten. 1935. RM 6.—

Ausgabe B, Heft 6: Untersuchung über die Knickfestigkeit von gestoßenen Stützen mit plangefrästen Stoßflächen und nur teilweiser Stoßdeckung (Kontaktstöße) bei mittiger und außermittiger Belastung

Untersuchung über den Einfluß von Schrumpfdruckspannungen in geschweißten Druckgliedern auf die Knickfestigkeit bei mittiger und außermittiger Belastung

Von Prof. Dr.-Ing. **G. Bierett** und Dr.-Ing. **G. Grüning**
Staatliches Materialprüfungsamt Berlin-Dahlem
Mit 27 Textabbildungen. IV und 22 Seiten. 1936. RM 3.60

Ausgabe B, Heft 7: Über das Verhalten geschweißter Träger bei Dauerbeanspruchung unter besonderer Berücksichtigung der Schweißspannungen

Von Professor Dr.-Ing. **G. Bierett,** Staatliches Materialprüfungsamt Berlin-Dahlem
Mit 31 Textabbildungen. IV und 21 Seiten. 1937. RM 3.60

Ausgabe B, Heft 8: Versuche über den Einfluß der Gestalt der Enden von aufgeschweißten Laschen in Zuggliedern und von aufgeschweißten Gurtverstärkungen an Trägern

Von **O. Graf,** Professor an der Technischen Hochschule Stuttgart
Mit 56 Textabbildungen. III und 16 Seiten. 1937. RM 3.60

Ausgabe B, Heft 9: Aus Untersuchungen mit Leichtfahrbahndecken zu Straßenbrücken

Von **O. Graf,** o. Professor an der Technischen Hochschule Stuttgart
Mit 56 Textabbildungen. IV und 25 Seiten. 1938. RM 4.—

---

* Die für die Ausgabe B in Aussicht genommenen Hefte 2 und 3 erscheinen nicht unter Hinweis auf die schon in den Heften 2 und 3 der Ausgabe A enthaltenen Angaben.

Korrosionen an Eisen und Nichteisenmetallen. Betriebserfahrungen in elektrischen Kraftwerken und auf Schiffen. Von Oberingenieur i. R. **August Siegel** VDI, Berlin. Mit 112 Abbildungen auf 22 Tafeln. V, 86 Seiten. 1938.   RM 19.50; gebunden RM 21.60

Werkstoffe der Oberflächenkondensatoren und Ölkühler. — Art und Ursachen der Korrosionen. — Einfluß der Gefügegröße und Brinellhärte auf die Korrosionsfestigkeit der Kondensatorrohre. — Korrosionen an den Ölkühlern der Turbodynamos. — Besonders bemerkenswerte Korrosionserscheinungen in elektrischen Kraftwerken. — Elektrolytische Korrosionen an Kreiselpumpen verschiedener Art, an Monelmetall, Stahlguß, Reinnickel und Manganstahl sowie an den Rohrböden der Oberflächenkondensatoren und Ölkühler, an gut geschmierten Gleit-, Wälz- und Kugellagern sowie an den Zahnflanken von raschlaufenden Zahnradgetrieben. — Vergleiche der Wechselstromkorrosion und Gleichstromkorrosion. — Chemische Zerstörungen an Messingrohren der Oberflächenkondensatoren und Ölkühler. — Elektrolytische Korrosionen auf Schiffen. — Untersuchungen über die Ursachen der Korrosionen an Dampfturbinenschaufeln.

Rostschutz und Rostschutzanstrich. Von Prof. **Hermann Suida**, Wien, und Priv.-Doz. **Heinr. Salvaterra**, Wien. (Technisch-gewerbliche Bücher, Bd. 6.) Mit 193 Abbildungen im Text. VI, 344 Seiten. 1931. (Verlag von Julius Springer-Wien.) Gebunden RM 24.—

Korrosionstabellen metallischer Werkstoffe geordnet nach angreifenden Stoffen. Von Dr. Ing. **Franz Ritter** VDI. V, 193 Seiten. 1937. (Verlag von Julius Springer-Wien.) Gebunden RM 19.80

Der Beton. Herstellung, Gefüge und Widerstandsfähigkeit gegen physikalische und chemische Einwirkungen. Von Prof. Dr. **Richard Grün**, Düsseldorf. Zweite, völlig neubearbeitete und erweiterte Auflage. Mit 261 Abbildungen im Text und auf zwei Tafeln sowie 90 Tabellen. XV, 498 Seiten. 1937. RM 39.—; gebunden RM 42.—

Die praktische Werkstoffabnahme in der Metallindustrie. Von Dr. phil. **Ernst Damerow**, Berlin. Mit 280 Textabbildungen und 9 Tafeln. VI, 207 Seiten. 1935. RM 16.50; gebunden RM 18.—

Hilfsbuch für die praktische Werkstoffabnahme in der Metallindustrie. Von Dr. phil. **E. Damerow** und Dipl.-Ing. **A. Herr**, Berlin. Mit 38 Abbildungen und 42 Zahlentafeln. IV, 80 Seiten. 1936. RM 9.60

Ausgewählte chemische Untersuchungsmethoden für die Stahl- und Eisenindustrie. Von Chem.-Ing. **Otto Niezoldi**, Vorsteher des chemischen, metallographischen und röntgenographischen Laboratoriums der Firma Rheinmetall-Borsig A.-G., Werk Borsig, Berlin-Tegel. VI, 152 Seiten. 1936. RM 5.70

Der Kampf des Ingenieurs gegen Erde und Wasser im Grundbau. Von Hafenbaudirektor a. D. Prof. Dr.-Ing. **A. Agatz**, Berlin, unter Mitarbeit von Reg.-Baum. a. D. Dr.-Ing. **E. Schultze**, Berlin. Mit 155 Textabbildungen. VIII, 276 Seiten. 1936. Gebunden RM 26.40

GPSR Compliance
The European Union's (EU) General Product Safety Regulation (GPSR) is a set
of rules that requires consumer products to be safe and our obligations to
ensure this.

If you have any concerns about our products, you can contact us on

ProductSafety@springernature.com

In case Publisher is established outside the EU, the EU authorized
representative is:

Springer Nature Customer Service Center GmbH
Europaplatz 3
69115 Heidelberg, Germany